矿业市场石油天然气资源储量评估丛书

矿业市场石油天然气资源储量评估应用

KUANGYE SHICHANG SHIYOU TIANRANQI ZIYUAN
CHULIANG PINGGU YINGYONG

郭齐军　黄学斌　苏映宏　等编著

图书在版编目(CIP)数据

矿业市场石油天然气资源储量评估应用/郭齐军等编著.—武汉:中国地质大学出版社,2025.6.—ISBN 978-7-5625-5892-7

Ⅰ.TE155-62

中国国家版本馆 CIP 数据核字第 2024RY9790 号

矿业市场石油天然气资源储量评估应用	郭齐军 黄学斌 苏映宏 等编著
责任编辑:韩 骑 　　选题策划:张晓红　韩 骑	责任校对:何澍语

出版发行:中国地质大学出版社(武汉市洪山区鲁磨路388号)	邮编:430074
电　　话:(027)67883511　　传　　真:(027)67883580	E-mail:cbb@cug.edu.cn
经　　销:全国新华书店	https://cugp.cug.edu.cn
开本:787mm×1092mm　1/16	字数:237 千字　　印张:9.5
版次:2025 年 6 月第 1 版	印次:2025 年 6 月第 1 次印刷
印刷:武汉中远印务有限公司	
ISBN 978-7-5625-5892-7	定价:128.00 元

如有印装质量问题请与印刷厂联系调换

《矿业市场石油天然气资源储量评估》丛书编委会

主　　任：鞠建华　郭旭升
副 主 任：郭齐军　何海清　陈　红　乔春磊
　　　　　张　宇　赵培荣　李其正　王少波
　　　　　段晓文　高山林　付　强　王香增
执行编委：杨雪松　张海波　李二恒　姜文利
　　　　　张道勇　封永泰　付　玲　孙英涛
　　　　　高玉飞　李　云　韩　见
编写人员：郭齐军　黄学斌　苏映宏　李　燕
　　　　　戴传瑞　毕海滨　尚　峰　杨　博
　　　　　夏遵义　聂　俊　张社军　杜　霞
　　　　　李　冰　史海涛　李雪松　李　军
　　　　　孙连浦　徐建华　庄　丽

序 言

油气储量是油公司的核心资产,也是国家制定能源发展战略的重要依据,因而,科学、合理地评估好储量至关重要。

为了满足不同目标的管理需求,目前中国油公司分别遵循中国国家标准、国际石油工程师学会标准和上市储量评估标准规则开展储量评估,虽然储量评估的书籍有很多,但多围绕某一个评估标准展开,因此,急需一本储量评估的综合性丛书,以便储量评估及应用人员系统、全面、深入地理解油气资源储量评估的本质。

《矿业市场石油天然气资源储量评估》丛书分为应用和技术研究两册,是在借鉴了国内外最新的储量评估技术与管理实践上形成,编著者为多年从事油气储量评估的技术和管理专家。该书比较全面、系统地介绍了不同储量分类标准的演变历程、常用的储量评估方法、评估参数确定原则,既体现了不同储量分类标准在不确定性和商业性等方面要求的共性,也体现了在不确定性、经济性把握以及评估参数选取等方面的差异性;既有评估技术分析,也有评估结果应用;既有评估方法介绍,也有评估实例剖析。编写方法上突出了科学、实用和可操作的特点,使得该丛书成为一部信息量大、应用范围广、内容充实、具有一定理论深度的石油天然气资源储量评估专著。

《矿业市场石油天然气资源储量评估》丛书的出版,将为石油天然气企业及科研院所开展储量评估提供技术指导,也将对中国油气资源储量评估工作起到一定的推动作用。

中国工程院院士

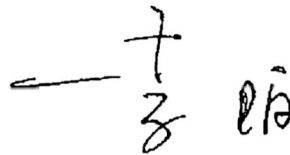

前　言

在中国矿业权评估师协会的组织、指导下，中国石油化工股份有限公司石油勘探开发研究院、北京石大正信矿产资源技术咨询有限公司联合矿评协石油天然气储量评估委员会基于前期研究成果，共同编写完成了《矿业市场石油天然气资源储量评估》丛书。

《矿业市场石油天然气资源储量评估》丛书分为上下两册，分别为《矿业市场石油天然气资源储量评估应用》和《矿业市场石油天然气资源储量评估技术方法》，是矿业市场石油天然气储量评估的重要参考和工具书。

《矿业市场石油天然气资源储量评估应用》面向矿业市场油气储量评估应用的各方面人员，包括评估管理人员、使用评估结果的财务人员、相关法律从业者等，旨在帮助油公司或相关评估结果应用单位选择合格的评估人员，以及评估人员在合理的管理框架下按照规范的程序、选择适当的方法开展评估工作，进而得到客观合理的结果，且评估结果被应用者合理解读和利用。

本书内容涵盖矿业市场油气资源量/储量评估所涉及的各个方面，包括评估资质、评估管理要求、资源量/储量分类分级应用指引、资源储量评估程序与方法、评估报告、储量审计等。本书行文中的"储量"具有两种含义：一种为资源量/储量分类与定义中狭义的"储量"，而另一种为包含资源量的广义"储量"，例如"储量评估"是业界惯用术语，包括资源量的评估，因此读者应根据语境正确理解"储量"的含义。

在编写过程中，许大纯、张大伟、查全衡、陈永武、吴国干、王永祥等诸多行业内专家都给予了指导，在此一并致以衷心的感谢！

由于编者水平有限，书中难免有缺点和不足之处，恳请读者批评指正。

本书编委会
2025 年 3 月

目 录

第一章 矿业市场油气储量评估的应用 …………………………………………………（1）
- 第一节 油气储量的应用范围 ……………………………………………………………（1）
- 第二节 油气储量评估的不确定性 ………………………………………………………（3）

第二章 评估人员、机构的能力要求与管理 ……………………………………………（6）
- 第一节 评估人员职业资格及职业能力要求 ……………………………………………（6）
- 第二节 矿业权评估资质专业人员继续教育要求 ………………………………………（8）
- 第三节 评估机构资质要求 ………………………………………………………………（8）
- 第四节 评估机构的执业管理 ……………………………………………………………（9）

第三章 矿业市场油气储量评估管理要求 ……………………………………………（11）
- 第一节 客观性与独立性 …………………………………………………………………（11）
- 第二节 评估流程控制与机构设置 ………………………………………………………（14）
- 第三节 储量评估的法律责任 ……………………………………………………………（15）

第四章 矿业市场油气储量分类 ………………………………………………………（19）
- 第一节 UNFC分类体系历史沿革与现状 ………………………………………………（20）
- 第二节 SPE-PRMS油气储量分类体系历史沿革与现状 ………………………………（25）
- 第三节 中国油气资源储量分类系统历史沿革 …………………………………………（32）
- 第四节 中国矿业市场油气资源储量分类系统 …………………………………………（35）

第五章 矿业市场油气储量评估程序与报告 …………………………………………（50）
- 第一节 储量评估程序及内容 ……………………………………………………………（50）
- 第二节 评估报告编制 ……………………………………………………………………（64）

第六章 矿业市场油气储量审计 ………………………………………………………（72）
- 第一节 审计相关术语 ……………………………………………………………………（72）
- 第二节 审计管理 …………………………………………………………………………（73）
- 第三节 审计师职责 ………………………………………………………………………（74）
- 第四节 审计内容与步骤 …………………………………………………………………（75）

第五节　审计报告与审计记录 ………………………………………………… (76)

第七章　储量相关盈利能力指标及财务分析 ……………………………………… (80)
　　第一节　储量相关的盈利能力指标 …………………………………………… (80)
　　第二节　储量相关财务分析 …………………………………………………… (84)

第八章　证券市场油气储量信息披露 ……………………………………………… (89)
　　第一节　美国证券市场油气储量信息披露要求 ……………………………… (89)
　　第二节　加拿大证券市场油气储量信息披露要求 …………………………… (91)
　　第三节　香港证券市场油气储量信息披露要求 ……………………………… (93)
　　第四节　美国、加拿大、中国香港地区的证券信息披露的储量评估要求对比 ……… (95)

第九章　矿业市场油气储量评估管理体系及信息监管机制 ……………………… (96)
　　第一节　国际矿业市场油气储量评估管理体系介绍 ………………………… (96)
　　第二节　我国矿业市场油气储量管理现状 …………………………………… (99)
　　第三节　完善我国矿业市场油气储量管理体系 ……………………………… (101)
　　第四节　关于油气储量评估第三方评估机构建设 …………………………… (103)

第十章　国际油气储量相关行业组织介绍 ………………………………………… (112)
　　第一节　石油工程师协会 ……………………………………………………… (112)
　　第二节　石油评估工程师协会 ………………………………………………… (113)

附录一　储量分类大记事 …………………………………………………………… (115)
附录二　我国证券市场油气储量信息披露建议 …………………………………… (122)
主要参考资料 ………………………………………………………………………… (141)

第一章　矿业市场油气储量评估的应用

石油天然气储量作为一种重要的战略资源，油气储量评估在国民经济、社会发展、国家能源战略安全、企业经营等方面具有重要作用。评估结果可应用于国家、企业、市场等多个方面，其主要应用者包括国家各职能部门、油气公司、证券机构、金融机构、公众投资者等。由于各类用户基于不同使用目的及使用方法，对评估工作提出不同的要求，因此，评估人员应首先明确评估目的和用途，即谁是最终用户，以及最终用户将如何使用评估结果。基于不同用户、目的和使用方法，评估人员应按需调整工作内容、工作重心及工作程度。本章简要介绍各类储量评估结果的用途，并说明不同用途对评估结果应用的侧重点。

第一节　油气储量的应用范围

一、国家矿产资源及资产管理

在国家管理层面，储量评估结果可应用于能源开发政策制定、国有资产的管理与考核，其应用部门包括国家发展和改革委员会、财政部、审计署、自然资源部、中国证券监督管理委员会、国务院国有资产监督管理委员会等。

二、公司经营决策

油气公司经营管理决策主要围绕储量的发现与开发展开。储量评估结果的应用贯穿于油田勘探开发建设全过程。勘探前期的决策，如矿业权取得、油气区块的合作合资等；勘探与油气产能建设过程中的决策，如物探、探井与开发井的实施以及配套生产设备的建设/扩建等；油气田的后期开发决策，如加密井、注水、补孔压裂等，都需要储量评估的结果作为支撑。

三、油气公司估值

油气公司的核心资产主要是其保有的储量及未勘探区块，油气公司通常需要对其资产进行价值评估。根据财务会计准则，在油气公司的资产负债表中，收购或开发储量的费用可作为油气资产价值，但此价值不能合理反映油气资产的当前价值，需要通过储量评估的净现值来确定其价值。

对于已开发正在生产的区块，可以采用储量的净现值衡量其价值；对于正在进行产能建设的区块以及拥有矿业权权益但未开展勘探工作的区块，需要进行资源量及相关风险的评估来确定其价值。综合不同工作阶段的区块资源储量价值可以得到油气公司的总价值。

四、油气资产交易

油气资产交易,核心是储量资产价值的交易,由于油气资产的特殊性,市场上对油气资产的"市场公平价值"定价采用了较多的方法,包括折现现金流法、2P储量法、产量折现法、土地面积法、银行授信法以及市场交易类比法等,毫无疑问,油气储量资产自身的价值是油气资产交易的基础。

五、信贷与借款

在国际资本市场,储量所有者可以将储量和产量收益作为担保或抵押物,向金融机构申请贷款,这种贷款方式通常称为储量贷款(RBL)。油气储量贷款,拓宽了企业融资渠道,为油气企业提供了除传统银行贷款、股票和债券发行之外的另一种融资选择,对于促进油气资本市场的发展具有深远的意义。这种融资方式基于油气储量的价值,使得企业能够更灵活地筹集资金,满足其勘探、开发和生产等各阶段的需求。RBL有助于油气企业降低融资成本,提高融资效率,从而加速其业务发展和市场扩张。

储量贷款是一种循环融资方式,贷款通常以借款人风险较低的油气储量作为担保,并主要使用未来出售的油气产品收益偿还抵押的油气储量。油气公司在贷款额度内,可随时根据开发或生产需要提取贷款,随着产出油气即产即还,保持持续的资本流动性来源;金融机构根据已开发储量确定贷款额度,随时跟踪储量的变化变更贷款额度,以此降低放贷风险。储量信贷协议通常要求每年进行两次评估。其中油气公司聘请具有资质的评估公司进行年度独立评估,油气公司一般每半年准备一次中期评估,作为年度独立评估的更新。金融机构同时也会聘请独立的评估机构对储量估值。

金融机构通常要求贷款担保的产量须产自多口油井,且每口油井都必须具有生产历史。贷款期限一般限定为不超过开采一半储量所需的时期,即储量半衰期,最长期限则根据金融机构的贷款政策确定。采纳储量半衰期作为贷款期限可确保在偿还贷款时,该资产仍具有剩余价值,这样借款人可以进行油气生产的同时偿还贷款。

确定贷款额度和贷款期限后,应根据不同还款方案,有时还要根据不同的预测价格,计算出每年最小还本付息金额。在确定贷款额度、贷款期限、还款方案后,金融机构还需要适当考虑所得税的影响。

六、证券报告

对于公众投资者,油气储量信息是评估油气上市企业价值、制定投资策略的重要依据。证券监管机构要求企业披露其真实完整的油气储量信息,以此增强投资者的信任度,吸引更多资金进入油气产业,促进产业可持续发展。

油气储量信息披露是监管机构对油气公司的重要监管要求之一。根据相关法律法规要求,油气公司在首次公开上市时需要提交第三方评估的储量报告并披露储量信息,上市后需在年度报告中持续披露储量及现金流相关信息。为准备上述披露信息,需要进行储量评估工作。

七、会计处理

根据我国财务会计准则,油气公司在编制财务报告和审计报告时需要利用储量评估数据,进行油气资产上限测试和油气资产折耗率计算。

1. 油气资产上限测试

根据我国财务会计准则《企业会计准则第 27 号——石油天然气开采》和《企业会计准则第 8 号——资产减值》的要求,油气公司至少每半年对油气资产进行检查,若资产存在减值迹象,需要对资产的账面价值与其可收回金额进行比较。资产的可收回金额低于其账面价值的,应将资产的账面价值减记至可收回金额,减记的金额确认为资产减值损失,计入当期损益,同时计提相应的油气资产减值准备。

记录资产账面价值的会计方法有完全成本法和成果法两种。在完全成本法中,与勘探开发相关的所有成本均被资本化,并在资产的储量生命期内进行摊销。在成果法中,只有成功发现储量的勘探开发投资被资本化,并在其储量生命期内进行摊销。失利井的所有成本计入当期损益。目前,我国财务会计准则要求油气公司采用成果法记录资产账面价值。

资产的可收回金额是根据资产的公允价值减去处置费用后的净额与资产预计未来现金流量的现值两者之间较高者确定。对于油气资产而言,资产的公允价值很难确定,所以资产的可收回金额一般采用资产预计未来现金流量的现值,即油气储量的净现值。因此当进行油气资产上限测试时,通常以区块作为资产组,按照评估的油气储量净现值为基础进行上限测试。

2. 油气资产折耗率计算

油气公司一般采用产量法对井及相关设施、探明矿区权益计提资产折耗。油气资产折耗率是当期产量与证实已开发储量的比值。折耗率通常每季度计算一次,年度折耗费用为各季度折耗费用之和。每当因新投资或储量数量变化导致折耗率出现重大变化时,都必须重新进行折耗率计算。油气资产计提折旧、折耗及摊销的基数应扣除已提取的油气资产减值准备。

第二节 油气储量评估的不确定性

由于油气储量蕴藏于地下,现有的技术手段无法还原地下的真实情况,在储量评估过程中受地质情况的复杂性,油气藏开发的成熟度,地质和开发数据的质量和数量,经营环境,评估人员的技能、经验和职业道德等多方面因素的影响,评估人员很难对储量评估涉及的各类参数做出确定性的判断,导致储量估算存在固有的不确定性。

对这种不确定性的刻画一般通过储量分类来体现,如我国储量分类体系中的预测储量、控制储量和探明储量,国际石油工程师协会推出的 PRMS 分类系统中的证实储量、概算储量、可能储量就反映了地质认识的不确定性和未来采出量的不确定性。

不确定性与油气藏的勘探开发程度密切相关。随着勘探开发程度及信息量的增加,储量估算的不确定性将逐步减小,直至油气田的生命周期结束。

一、地质认识的不确定性

储量评估中最大的不确定性来自地质认识。在勘探早期,由于可用的地质数据较少,地质认识存在很大的不确定性。比如:不能准确认识地质构造的位置,不能准确认识油田规模、产层厚度、孔隙度和渗透率等,储层和含水层规模、储层连续性、断层位置等也会有较大的误差。岩相测定过程也存在不确定性,对沉积环境的认识不足亦会对储量评估结果造成较大的影响。

二、地震预测结果的不确定性

早期的地质认识主要依靠地震资料,地震数据的质量会很大程度影响储量评估的结果。比如,构造油气藏确定油藏边界的依据是构造幅度,构造幅度的精度取决于时间域地震解释精度与时深转换速度场精度,而时间域地震解释精度主要取决于地震剖面的信噪比和剖面主频。因此,同样是采用地震资料的解释结果,如果地震资料的信噪比和剖面主频不同,就会得到不同的储量评估参数。

三、测井解释结果的不确定性

储量评估中常利用测井资料确定油气藏的孔隙度、含油(气)饱和度、有效厚度等参数。

不同的岩性、不同的储集类型,可能在某一方面具有相似的测井响应。例如利用测井资料识别地层岩性及其矿物成分,由于测井记录的是井周岩石的放射性、自然电位、声波速度、密度、含氢指数以及电阻率等参数,两种不同的岩石类型有可能具有相似的测井响应特征。又例如,石英砂岩和泥灰岩是两种完全不同岩石类型,但是从测井响应上,二者的自然伽马(GR)都较低;致密石英砂岩与泥灰岩的声波时差(AC)也差异不大,电阻率也较为接近;灰质砾岩和钙屑砂岩都以灰岩为源岩,常规测井响应极为相似,但是二者的岩石结构和沉积环境不同。因此,在只有标准测井资料的情况下,容易将相似岩性误判。

在利用测井资料进行物性参数的评价过程中,也存在着各类不确定的情况。例如,储层含油气饱和度的计算主要以阿尔奇模型为主,通过岩心岩电实验分析获取岩电参数值,通过采样或者测井分析手段获取地层水的电阻率值。在获得岩电参数与地层水电阻率后,用电阻率曲线和测井计算的孔隙度计算地层的含油气饱和度。阿尔奇公式是基于纯岩石的实验数据而建立,有其适用的局限性,阿尔奇公式在页岩气储层中计算的饱和度误差就比较大。岩电参数主要通过岩心的岩电实验获得,如果选择与待评价地层差异较大的岩电参数,也会产生较大的误差。不同地层或者相同地层的不同构造位置,地层水电阻率可能存在较大的差异,地层水电阻率的选取不同可能导致饱和度计算结果产生较大的误差。地层的电阻率值不仅受到地层流体的影响,还受到其他非油气因素的影响。例如,泥质砂岩储层,由于泥质中存在地层水、泥质和水的复合体,具有极强的导电能力,导致电阻率曲线严重降低,计算的油气饱和度将大大降低;裂缝的存在也会使地层电阻率大幅降低,计算的油气饱和度也会偏低。

岩样的选取、运输、保管和分析对储层物性的不确定性也有很大的影响。储层物性是通过岩石物理评价、岩心测量、地震响应及其测井解释结果确定的。岩心样品从野外运送到实验室进行分析的过程中,以及在实验室中进行岩心的制备和分析的过程中,都存在一些人为因素可能导致岩石的物性变化,都会增加储量评估的不确定性。

四、流体物性的不确定性

一般以流体样品的分析化验结果为基础表征地下油气藏的整体物性。一般而言,流体在地下经过长时间的对流和扩散,已在储层内达到化学平衡和均质性,但确实也可观察到流体组成在储层中存在浓度梯度,因此抽样也会导致流体物性研究的不确定性。

五、岩石体积评估的不确定性

岩石总体积是估算油气储量的参数之一,其准确性取决于流体接触面[气油接触面和(或)水油接触面]。因此,如果所确定的流体接触面不够精准,那么将导致岩石总体积被高估或低估,进而对整体的储量估算产生影响。

六、采收率评估的不确定性

采收率的评估以实施项目为基础,并受到储层形状、内部地质条件、储层性质和流体含量及开发策略的影响。未动用储量的采收率评估多采用类比方法确定。在类比过程中,由于两个油气藏从地质条件、储层与流体性质,到采用的开发策略以及油气藏管理方式等都会存在着些许差异,类比得到的采收率必然存在一定的不确定性。

综上所述,在估算油气藏的未来可采量(即储量)时,岩石体积、储层物性、流体性质、可采出程度等方面,都受采集资料、勘查阶段、预期的开采政策等的影响,必然存在不确定性。

七、经营环境的影响

油气储量资产评估中的经济环境变化,特别是油气价格变化,对储量评估结果有着直接影响。油气价格不仅与需求有关,也与国际政治经济环境的变化紧密相连,进而增添了油气储量资产评估的不确定性。

第二章 评估人员、机构的能力要求与管理

储量评估需要地质、地球物理、油藏工程、经济、法律等多学科的知识与经验,专业性强,且评估结果是油气公司经营管理、投资者投资等重大决策的核心依据,因此资源储量应由专业的地质专家、地球物理专家、油藏工程师进行评估或审计。对于从事储量评估等专业活动的个人和机构,其资格认定、能力水平要求等由政府主管部门指导相应的专业协会进行管理。

国家设立的矿业权评估师水平评价类职业资格,面向全社会开展能力水平评价。矿业权评估师职业资格分为助理矿业权评估师、矿业权评估师两个级别,固体矿产资源勘查与实物量估算、油气矿产资源勘查与实物量估算、水气矿产资源勘查与实物量估算和矿业权价值评估四个专业。自然资源部负责矿业权评估师职业资格制度的政策制定,并对矿业权评估师职业资格制度的实施进行指导、监督和检查。中国矿业权评估师协会(以下简称矿评协)负责矿业权评估师职业资格的评价与管理工作。

根据国家职业资格目录和矿业权评估师职业资格制度暂行规定,油气储量评估职业资格归属于矿业权评估师职业分类,油气储量实物量估算对应着矿业权评估师职业资格中的油气矿产资源勘查与实物量估算专业,油气储量价值量评估对应着矿业权价值评估专业。合格的油气储量评估人员通常应同时具备油气矿产资源勘查与实物量估算、矿业权价值评估这两项专业能力。

本书中,对于油气储量评估人员,通常采用"评估人员"称谓,涉及职业资格和执业管理要求时,采用"矿业权评估师"称谓。

本章结合矿评协的相关管理办法和规定,简要介绍合格的评估人员应具备的专业能力,以及评估人员与机构的执业管理要求。

第一节 评估人员职业资格及职业能力要求

结合我国储量评估涉及专业的职称及职业资格管理现状,以下三方面人员属于有能力承担相关评估工作的合格评估人员,包括自然资源部矿产资源储量评审专家库成员,油气公司从事勘探开发或储量评估工作且取得相应专业高级职称的专业技术人员、取得矿业权评估师职业资格的人员。通常情况下,能够胜任油气储量评估的人员还应具有5年勘探开发工作经验及含有3年及以上油气储量评估相关工作经验。能够胜任储量审计的人员则须具有10年以上勘探开发工作经验及含5年及以上的油气储量评估相关工作经验。

评估人员在从事评估活动时,除了具备专业能力,还应遵守国家法律、法规和行业管理规范,维护国家和社会公共利益,恪守职业道德。

一、评估人员职业资格考试

矿业权评估师职业资格实行统一考试的评价方式,原则上每年举行一次考试。矿评协负责矿业权评估师职业资格考试的组织和实施工作,自然资源部对考试工作进行监督和检查。具有下列条件之一的公民,可申请参加矿业权评估师职业资格考试:①具有地质类、矿业类、经济类、法律类等专业的高等院校本科(或者高等职业教育本科)及以上学历;②具有地质类、矿业类等专业的高等院校专科(或者高等职业教育专科)学历,且具有 1 年及以上相关工作经历;③具有上述专业外的高等院校本科(或者高等职业教育本科)学历及以上学历,且具有 1 年及以上相关工作经历。

矿业权评估师职业资格考试合格后,可获得由矿评协颁发的《中华人民共和国矿业权评估师职业资格证书》,该证书在中国境内有效。

二、评估人员的执业能力要求

取得矿业权评估师职业资格证书的人员,如果从事或监督储量评估/审计工作,还须具备一定的实践经验。具备矿业权评估师职业资格及以上水平的个人能够组织开展储量评估工作,具有丰富经验的矿业权评估师有资格开展储量审计工作。签署储量评估报告和审计报告的人员原则上应具备油气矿产资源勘查与实物量估算、油气矿业权价值评估 2 个专业的职业资格和执业能力。助理矿业权评估师须在矿业权评估师的指导下参与储量评估工作。以下简要介绍各级矿业权评估师应具备的执业能力。

1. 助理矿业权评估师

助理矿业权评估师应了解储量评估相关法律法规、规章制度和技术标准;有一定的地质、地球物理、油藏工程及工业经济学等相关专业理论知识;具有完成一般性储量评估专业技术工作的能力。助理矿业权评估师应满足如下执业能力要求:①熟悉油气资源管理的法律法规、行业管理规定;②熟悉矿业权评估相关专业理论知识,能够解决评估实践中的一般性技术问题;③协助矿业权评估师开展油气资源储量估算及报告编制工作。

2. 矿业权评估师

矿业权评估师必须具有足够的教育背景、专业知识和实践经验,能够正确执行相关技术标准、规范,能独立完成或组织储量估算、报告编写和现金流分析等相关工作;能够提供储量评估及相关法律、技术标准咨询;具有指导助理矿业权评估师,独立开展矿业权评估工作的理论与实践能力。油气矿业权评估师应具有地质、地球物理、石油工程、资源储量评估等领域的实践经验,同时应具备以下工作能力:①熟练编制地质图件和模型,并在评估中应用;②选择合适油气藏进行类比分析;③适当应用地球物理资料信息;④熟悉油藏模拟的基础及其适用范围;⑤掌握确定法和概率法评估方法的基础知识和适用性;⑥能够使用多种动态评价技术确认或完善地质认识;⑦正确应用相关专业计算机软件;⑧了解相关的各类生产要求和财税系统;⑨理解并熟练应用相关储量的定义。

三、评估人员职业资格管理

取得矿业权评估师职业资格证书并经登记的评估人员,应依法开展油气资源地质勘查、储量评估及报告编制等相关工作,并在满足执业能力要求的前提下从事相关业务、签署报告。

评估人员应自觉接受矿评协的自律性管理,在工作中违反相关法律、法规、规章或者职业道德,造成不良影响的,由矿评协进行自律惩戒;情况严重的将取消登记,并收回其职业资格证书。

矿评协定期向社会公布矿业权评估师职业资格证书的登记情况,建立持证人员的诚信档案,并为相关单位提供持证人员的信息查询服务。

第二节 矿业权评估资质专业人员继续教育要求

为保证矿业权评估资质专业人员的专业能力和经验与时俱进,保持与国家政策法规、石油行业标准规范、评估技术与方法等方面的发展变化相匹配,矿评协对继续教育采用积分管理制度,要求持证人每年完成一定分数的继续教育内容。继续教育内容包括:矿业权评估法律法规及相关政策;职业道德;评估理论、评估方法;评估实务;与矿业权评估业务相关的其他方面知识;与矿业权评估相关的国内外新的理论与方法;其他。

第三节 评估机构资质要求

油气储量评估主要的任务是为国家和市场提供油气资源实物资产和油气资产价值的评估,油气储量评估机构的设立应符合资产评估法的规定。

鉴于《矿业权评估机构资质管理暂行办法》于2007年5月发布,且主要适用于固体矿产,因此建议油气矿业权评估机构资质应同时具备以下条件:

(1)按照国家有关法律法规和相关规定,经工商注册设立的合伙制或公司制的中介机构。

(2)合伙制矿业权评估机构的执业人员中应不少于3名专职矿业权评估师;公司制矿业权评估机构的执业人员中应不少于4名专职矿业权评估师。

(3)合伙制矿业权评估机构的合伙人中应不少于2名专职矿业权评估师;公司制矿业权评估机构的出资人中应不少于3名专职矿业权评估师。

(4)油气矿业权评估机构专职从业人员中必须具备下列五类专业技术人员:地质专业、地球物理专业、石油工程专业、经济专业和法律专业。专业技术人员须具备中级(含)以上技术职称或本科(含)以上学历。

(5)与任何政府机构、事业单位、社会团体组织不存在任何事实的或隐蔽的人事挂靠或附属关系。

(6)资质管理机构规定的其他条件。

矿业权评估机构可从事下列范围内的业务：矿业权评估、矿业权评估咨询、矿业权评估涉及的油气资源经济评价、矿业权评估涉及的油气勘查及开发利用可行性研究。

矿业权评估机构资质证书由矿评协统一印制发放。矿业权评估机构应对机构资质证书进行妥善管理，如发生变更、注销、遗失等情况，应及时到矿评协办理以下相关手续：

（1）矿业权评估机构名称、地址及法定代表人有变动的，应在工商变更后30日内向矿评协申请换领矿业权评估资质证书。

（2）矿业权评估机构因解散或因其他原因终止业务活动时，应到矿评协办理注销登记手续，并交回矿业权评估资质证书（正、副本）。

（3）矿业权评估资质证书遗失的，由矿业权评估机构登报声明作废后，携带有关证明材料向资质管理机构申请补发矿业权评估资质证书。

矿业权评估机构有下列情况之一的，矿评协可视其丧失矿业权评估能力，注销其矿业权评估资质并收回证书，且一年内不再受理其矿业权评估资质申请：

（1）连续两年未从事矿业权评估业务的。
（2）年度内应经评估确认、备案的矿业权评估结果有30％以上未被确认、备案的。
（3）因其评估从业人员等发生变化，已不具备本办法规定条件的。
（4）未通过年检并限期整改后仍达不到要求的。
（5）违反有关法律、法规和本办法规定的。
（6）未交会费的。
（7）资质管理机构认定的其他丧失矿业权评估能力的。

第四节　评估机构的执业管理

评估机构从事油气储量评估业务，应保证评估过程的独立、客观、公正，并让评估委托人和评估结果使用人确认机构诚实、守信。为此，评估机构应建立严格的内控体系：

（1）独立性调查体系。包括组织机构、管理规定与程序，以保证服务的独立性。

（2）文档管理系统。对所从事的矿业权评估业务情况、评估过程、与矿业权评估相关的重要原始资料、整理的资料、问题披露、正式提交的矿业权评估报告及报告底稿等，建立规范的管理档案，以备来自内外部的审查。

（3）质量保证体系。包括原始数据检查、评估/审计程序与结果审查等，保证机构可以提供高质量、可信赖的服务。

（4）数据安全体系。包括管理规定及技术手段，以保证资料安全。

矿评协负责对执业行为进行监督，如发现疑似不当行为，经查实后进行相应处罚。违规行为主要包括以下几类：

（1）资质申请方面。申请时存在欺骗行为，报复举报投诉人或相关评价人等。

（2）违反道德规范。执业时不诚实、不道德，在执业过程中发表欺骗性或误导性的口头或书面言论；对同一项目接受多方报酬，通过不当宣传获取工作机会；对客户不诚实，试图损坏他人名誉，报复投诉人；帮助或教唆无证执业行为，伪造文件，组织他人违法违规行为等；迎合委托方的意愿,出具"友情"报告、"要价"报告、"定价"报告等;故意高估或低估价值,弄虚作假,出具虚假评估报告。

(3)违反信息保密要求。未经相关当事人或部门的准许,对外提供或披露评估资料和相关记录。

(4)执业行为不当。疏忽大意,在工作时未做到审慎尽职,未严格按照规定的工作程序,认真收集、核实资料,认真做好市场调查;在专业领域外开展工作,与评估、审计职责相关的渎职行为等。

(5)签章使用不当。未妥善保护机构签章,未正确签署工作成果,更改他人工作成果,资质证书无效时签署工作成果,预先打印空白签章,使用贴纸或复制品,签署非本人直接开展或监督的工作成果等。

(6)违反行业管理相关要求。未及时报告机构信息变更,未报告违法行为;未按时组织评估人员参加继续教育及岗位培训。

针对违规行为,矿评协可对其进行相应处罚,包括劝诫、口头或书面警告、内部通报批评、监督下执业、强制参加道德规范课程、行政罚款、客户赔偿、限期整改、公开谴责、不予年度复审、暂停或吊销证书等。

第三章　矿业市场油气储量评估管理要求

储量评估及对外报告是一项专业性、技术性非常强的工作，具体执行过程应满足相关管理要求、严格遵循相应的程序，保证评估结果的客观、完整、合理。

储量评估及对外报告应重点考虑如下因素：①评估的客观性与独立性；②评估资料的可用性和可靠性；③评估的质量保证；④评估结果检查；⑤管理机构的合理设置。本章针对这些因素逐一阐述管理要求与常用做法。

第一节　客观性与独立性

油气公司针对不同用途开展储量评估，评估结果既可用于内部生产经营决策，也可用于提交国家或证券市场信息披露，或用于矿业权交易。无论出于何种目的，储量评估及审计都必须由具有资质证书的评估机构承担。

评估/审计工作要求储量评估及审计人员必须按照地质、工程、经济各专业的相关程序，满足报告和披露的相关标准，保证以客观公正的方式开展储量评估和审计。储量评估及审计人员（机构）必须满足独立性和客观性标准，独立性与客观性须按项目逐个确定。

油气公司的储量评估可采用两种形式，独立评估和内部评估。独立评估是指对外聘请满足独立性要求的机构进行储量评估，内部评估是指由内部人员进行储量评估。为保证评估的客观性，这两种形式的评估还需满足以下要求。

一、独立评估要求

1. 独立评估原则要求

独立评估是公认的保证评估/审计过程与结果客观性的有效手段。为保证评估结果的独立性，油气公司可采用全部或部分油气资产独立评估或审计。用于上市公司披露的储量信息，包括首次公开发行（initial public offering，IPO）、重大信息披露、年度信息披露 3 种，不同证券市场的监管机构对于采用何种评估方式有各自的要求。一般首次公开发行时涉及的储量信息披露必须采用独立评估结果。在进行矿业权交易、油气资产交易、借贷等活动时，则根据相关方的要求选择适当方式。在评估及审计报告中应包括关于独立性的声明。

2. 独立性标准

独立性是指评估人员、评估机构独立于委托其开展储量评估或审计的公司。独立性包括机构的独立性和评估人员的独立性。

评估机构的独立性，通常要求机构的所有者、合伙人、股东必须独立于委托客户。如果评估机构在评估前6个月、评估期间、评估期后6个月内存在以下方面的行为，则通常认为不满足独立性要求。

（1）投资关系。评估机构与受托方共同投资开展油气勘探开发项目，或者从待评估油气资产的生产中受益。

（2）借贷或担保。直接或间接从受托方借款，或者存在有互相借款担保关系。

（3）资产出售。向受托方出售重大资产的行为。

（4）重大客户关系。评估公司的储量评估与审计业务的年收入构成中，有超过80%的收入来自同一受托方。

（5）成功酬金。受托方支付的报酬或费用，与储量评估结果或审计结论有关。

（6）法律纠纷。与受托方存在未结案的行政诉讼或法律诉讼。

另外，评估机构还可能为委托方提供勘探开发方案、地质研究等油气技术咨询服务，这种行为不影响评估机构的独立性。

当评估或审计人员与委托方存在如下关系时，通常认为该评估或审计人员不具备独立性：①与委托方存在劳动合同关系，或者担任委托方的控股股东或实际控制人；②与委托方的法定代表人或者负责人有夫妻、直系血亲或姻亲关系；③参加过拟评估审计项目的编制咨询以及相关的勘探开发方案的编制与审查。

评估或审计人员的某些不当行为可能会直接或间接地影响独立性。不当行为涉及的有效时间范围一般为客户委托前的6个月、委托期间以及评估完成后的6个月。若在有效时间范围内，其储量评估或审计人员在个人投资、合资企业、借贷款、担保、资产买卖、成功酬金等方面与受托方或关联公司，或与其所有者、合伙人、股东存在关联关系，则通常认为该储量评估或审计人员不具备独立性。

当相关方要求独立报告时，存在上述行为或关系的评估机构出具的报告将不符合要求。不要求独立报告时，缺乏独立性的评估机构可以为客户公司提供服务，但评估机构应向客户说明其缺乏独立性的事实并阐明原因。

3. 保密要求

评估机构及人员必须对储量信息以及客户提供的相关数据和信息严加保密。除法律规定需披露的信息以外，未经客户同意，不得将储量信息以及其他数据和信息泄露给第三方。无论是否签订保密协议，储量评估机构及人员都应遵循本项保密要求。

4. 独立评估者聘任

在选择和聘用评估机构时，委托方必须对其进行认真考量和尽职调查。委托方应与评估机构签署委托评估协议,以确认双方的权利和义务。

委托评估协议一般采用评估机构向委托单位发出委托函的形式。委托函一般涵盖以下内容。

(1)评估项目范围和目标描述,包括待评估资产的数量和类型、评估基准日、目标用途、项目工作时间以及与项目工作相关的成本等。

(2)评估信息和数据要求,委托方对所提供数据有效性、准确性和完整性的责任说明,需明确评估方是否须对委托方提供的资料进行全面的校验或解释,或是否需要进行现场调查等。

(3)项目服务费用构成、预算及付款条款。

(4)评估方对客户数据承担的保密责任,评估过程各种知识产权归属。

(5)评估方的补偿条款与条件,即在某些情况下评估结果(整体或部分)的应用对评估方或其相关人员造成损失,委托方需根据约定条件对评估方进行对等补偿。

(6)评估方名称以及评估报告结果的使用与公开披露要求。

由于评估目的、预期披露、最终用户、工作内容等方面的不同,委托函的内容也会有所不同,上述内容仅供参考。

5. 评估管理程序

为保证储量评估和审计结果的客观、公正、可靠,委托方应制定相应的管理程序规范整体工作过程。管理程序应包括管理机构及其职责与权利,评估方审查、聘任与变更程序,资料收集、检查与提供程序,评估和审计工作监控与交流程序,评估报告审查程序,评估报告审批与披露程序等。

二、内部评估要求

在相关方不要求独立报告,且油气公司具备相应管理和技术能力的情况下,可以采用内部评估,即指定公司内部合格的评估人员、审计人员进行储量评估或审计。

1. 客观性要求与标准

对于内部评估,油气公司必须保证储量评估师可以客观地开展相应工作。内部指定的储量评估师、审计师应具备以下权利,用于保证其客观评估立场。

(1)向管理层负责。评估师、审计师向公司高级管理层和/或董事会负责且独立于日常操作与投资决策过程。

(2)审计师就异常情况可独立汇报。审计师可直接向一位或多位主要的公司高级管理层成员和/或董事会汇报在储量审计过程中发现的任何异常情况。内部审计师或审计组应定期直接向且仅向董事会或董事会的委员会或公司高级管理层的一位或多位成员汇报。如果公司存在基于储量的奖励政策,应将审计师及其监管者排除在外;如果奖励政策包含审计师及监管者或管理层,对外申报的储量信息中应明确披露这些制度。如果审计师与内部评估师无法在允许范围内就一个或一组油气资产达成一致,公司也应披露相应情况。

2. 评估程序

如果采用内部评估、审计的形式,为保证评估和审计结果的客观、公正、可靠,公司同样应制定相应管理程序规范整体工作过程。管理程序应包括管理机构及其职责与权利,储量评估师、审计师指定与变更程序,资料收集、检查与提供程序,评估、审计工作监控程序,汇报程序,报告审查程序,报告审批与披露程序等。其中工作分配时的责权界定及汇报程序非常重要,该程序必须保证评估师、审计师可以畅通无阻且无顾虑地向董事会、董事会的委员会或公司高级管理层的一位或多位成员等指定对象汇报。

第二节 评估流程控制与机构设置

一、评估资料的责任界定

储量评估需要大量的基础资料,其来源众多,主要包括委托方、评估师/机构自身积累和公共领域等方面,不同来源的评估资料的责任界定可参考如下。

(1)对于委托方提供的评估对象权属资料、评估对象目前和历史状况以及相应的证明材料、地质勘察类资料、油气开发(预)可行性研究、初步设计/开发利用方案类资料、财务会计及生产经营资料、专业报告等资料信息,委托方对其提供资料信息的真实性、完整性、准确性负有责任。除非在工作内容中明确规定,评估师/机构自身一般不需要对资料进行独立验证。如果评估师对资料存疑,可在评估报告中添加必要的免责声明。

(2)对于评估师/机构自身积累的数据,评估师/机构在保证数据的准确性和适用性的同时,须保证其应用的合法性。

(3)对于来自公共领域的数据,评估师负有责任,须审慎选择,保证数据的准确性和适用性。

二、评估质量管理要求

为确保评估工作的完整性、评估结果的可靠性,油气公司和评估机构都应加强评估质量管理,建立必要的质量管理体系,质量管理体系应包括如下内容。

(1)管理层的角色及其责任。
(2)评估人员的角色及其责任。
(3)评估人员资质:包括资质检查、利益冲突检查及最终选定。
(4)评估资料质量:包括所有相关资料的收集、整理、检查与提供,明确资料相关工作的责任方及相应的程序与质量标准,例如矛盾数据的核查、专业文档的认证。
(5)矛盾处理:针对评估各方、评估资料、分析过程等方面可能出现的各种矛盾,明确处理原则。
(6)文档与记录管理:明确各阶段的记录内容与格式、版本及变更管理方法。其中重要的记录内容包括:①获取的所有相关资料及其来源、完整性、质量;②分析过程与结论,包括所采用分析方法、数据、资料、参数、结论及影响结论的限制条件或妥协因素;③矛盾及其解决,在资料、分析过程中出现的具体矛盾及其解决方法。

三、评估结果检查与使用

评估、审计生效日与正式发布日之间一般存在一定的时间间隔,在正式发布前,应允许储量评估师或审计师对报告进行必要的检查,并就评估、审计结果及相关信息的使用征得储量评估师或审计师的书面同意。对于在委托函中已有相应规定的情况下可不再征求同意。

对于使用目的与当初委托目的相同的情况,储量评估师或审计师可核实主要资产当前的生产动态情况,在批准使用前根据需要更新报告,尽量避免资产的短期表现与评估预测存在显著差异。

对于使用目的与当初委托目的不同的情况,储量评估师或审计师可检查评估和审计的原始资料、遵循的标准、采用的方法等是否审慎、适用、合理,最终判断是否批准报告的使用,或者确定在使用前需要进行哪些调整。例如以披露为目的和以资产交易为目的的评估、审计工作可能须遵循不同的储量分类和评估标准,因此工作成果不能通用,委托方不能在未征求同意前挪作他用。

四、油气公司储量管理机构

为保证储量评估结果的客观性,油气公司应拥有健全的储量管理机构,用于管理内部储量评估。对于上市油气公司,应建立有独立董事参加的储量委员会,主要负责提高有关储量评估和申报的工作质量与水平,改进关键信息的披露,提高储量信息的置信度。

储量委员会应具备以下作用和职能:储量委员会成员应具有评估经验,有油藏工程和/或地质背景,其中至少一名成员应为具有资质的储量评估人员或审计人员;储量委员会的组织和运作应独立并区别于董事会的财务审计委员会。

储量委员会的一般职责应包括:①确定独立评估机构的必要资质条件;②在选用独立评估机构方面向管理层提供必要的协助;③批准独立评估机构的更换;④审批用于储量评估的油藏相关管理信息;⑤审批与公司经营活动相关的假设条件,其中经营活动受合同、协议以及一般操作条件的限制;⑥审查产量、成本及价格信息的来源与可靠性;⑦明确评估机构采用的储量评估程序,包括储量分类标准、技术方法、工作步骤等;⑧确认和审查重大储量调整;⑨确认因评估人员股权引起的潜在利益冲突。

在储量委员会的职权范围内,应包括董事会报告和会议机制。通过该机制,储量委员会能够与管理层沟通,并了解相关信息,以便有效开展上述活动。

在储量委员会的职权范围内,应对可为公司服务的储量评估人员/审计人员的专业知识和经验制定准入条件。

第三节 储量评估的法律责任

油气储量评估是油气资产评估的重要依据,也是证券市场油气公司信息披露的重要内容,因此油气储量评估的法律责任可参照资产评估的法律责任和《证券法》的有关规定。目前我国与资产评估法律责任相关的法律法规主要有《刑法》《公司法》《证券法》《资产评估法》等。下面分别阐述委托人、评估机构及评估人员、储量信息披露方应承担的刑事责任和民事法律责任。

一、委托人的法律责任

《资产评估法》中规定了委托人的法律责任,其第五十一条、第五十二条规定:委托人应当委托评估机构进行法定评估而未委托;或在法定评估中有下列情形之一的,处10万元以上50万元以下罚款;有违法所得的,没收违法所得;情节严重的,对直接负责人和直接责任人员依法给予处分;造成损失的,依法承担赔偿责任;构成犯罪的,依法追究刑事责任。

(1)未依法选择评估机构的。
(2)索要、收受或者变相索要、收受回扣的。
(3)串通、唆使评估机构或者评估师出具虚假评估报告的。
(4)不如实向评估机构提供权属证明、财务会计信息和其他资料的。
(5)未按照法律规定和评估报告载明的使用范围使用评估报告的。

前款规定以外的委托人违反本法规定,给他人造成损失的,依法承担赔偿责任。

二、评估机构及评估人员的法律责任

《资产评估法》《公司法》中对评估人员和评估机构的法律责任分别做出了规定。由于我国油气储量评估业务是由评估机构开展的,因此,当评估专业人员给委托人或其他相关当事人造成损失,首先由所在的评估机构依法承担赔偿责任。在评估机构履行赔偿责任后,可以向有故意或者重大过失行为的评估专业人员追偿。

《资产评估法》第四十四条规定:评估专业人员有下列情形之一的,由有关评估行政管理部门予以警告,可以责令停止从业6个月以上1年以下;有违法所得的,没收违法所得;情节严重的,责令停止从业1年以上5年以下;构成犯罪的,依法追究刑事责任。

(1)私自接受委托从事业务、收取费用的。
(2)同时在两个以上评估机构从事业务的。
(3)采用欺骗、利诱、胁迫,或者贬损、诋毁其他评估专业人员等不正当手段招揽业务的。
(4)允许他人以本人名义从事业务,或冒用他人名义从事业务的。
(5)签署本人未承办业务的评估报告或有重大遗漏的评估报告的。
(6)索要、收受或者变相索要、收受合同约定以外的酬金、财物,或者谋取其他不正当利益的。

《资产评估法》第四十五条规定:评估专业人员签署虚假评估报告的,由有关评估行政管理部门责令停止从业2年以上5年以下;有违法所得的,没收违法所得;情节严重的,责令停止从业5年以上10年以下;构成犯罪的,依法追究刑事责任,终身不得从事评估业务。

《资产评估法》第四十七条规定:评估机构有下列情形之一的,由有关评估行政管理部门予以警告,可以责令停业1个月以上6个月以下;有违法所得的,没收违法所得,并处违法所得1倍以上5倍以下罚款;情节严重的,由工商行政管理部门吊销营业执照;构成犯罪的,依法追究刑事责任。

(1)利用开展业务之便,谋取不正当利益的。

(2)允许其他机构以本机构名义开展业务,或者冒用其他机构名义开展业务的。

(3)以恶性压价、支付回扣、虚假宣传,或者贬损、诋毁其他评估机构等不正当手段招揽业务的。

(4)受理与自身有利害关系的业务的。

(5)分别接受利益冲突双方的委托,对同一评估对象进行评估的。

(6)出具有重大遗漏的评估报告的。

(7)未按本法规定的期限保存评估档案的。

(8)聘用或者指定不符合本法规定的人员从事评估业务的。

(9)对本机构的评估专业人员疏于管理,造成不良后果的。

评估机构未按本法规定备案或者不符合本法第十五条规定的条件的,由有关评估行政管理部门责令改正;拒不改正的,责令停业,可以并处1万元以上5万元以下罚款。

《资产评估法》第四十八条规定:评估机构出具虚假评估报告的,由有关评估行政管理部门责令停业6个月以上1年以下;有违法所得的,没收违法所得,并处违法所得1倍以上5倍以下罚款;情节严重的,由工商行政管理部门吊销营业执照;构成犯罪的,依法追究刑事责任。

《资产评估法》第四十九条规定:评估机构、评估专业人员在1年内累计3次因违反本法规定受到责令停业、责令停止从业以外处罚的,有关评估行政管理部门可以责令其停业或者停止从业1年以上5年以下。

三、储量信息披露方的法律责任

《证券法》中对上市油气公司储量信息披露可能带来的法律责任进行了规定,相关条款要求如下。

《证券法》第八十五条规定:信息披露义务人未按照规定披露信息,或者公告的证券发行文件、定期报告、临时报告及其他信息披露资料存在虚假记载、误导性陈述或者重大遗漏,致使投资者在证券交易中遭受损失的,信息披露义务人应当承担赔偿责任;发行人的控股股东、实际控制人、董事、监事、高级管理人员和其他直接责任人员以及保荐人、承销的证券公司及其直接责任人员,应当与发行人承担连带赔偿责任,但是能够证明自己没有过错的除外。

《证券法》第一百九十七条规定:信息披露义务人报送的报告或者披露的信息有虚假记载、误导性陈述或者重大遗漏的,责令改正,给予警告,并处以100万元以上1000万元以下的罚款;对直接负责的主管人员和其他直接责任人员给予警告,并处以50万元以上500万元以下的罚款。发行人的控股股东、实际控制人组织、指使从事上述违法行为,或者隐瞒相关事项导致发生上述情形的,处以100万元以上1000万元以下的罚款;对直接负责的主管人员和其他直接责任人员,处以50万元以上500万元以下的罚款。

《证券法》第九十五条规定:投资者提起虚假陈述等证券民事赔偿诉讼时,诉讼标的是同一种类,且当事人一方人数众多的,可以依法推选代表人进行诉讼。对按照前款规定提起的诉讼,可能存在有相同诉讼请求的其他众多投资者的,人民法院可以发出公告,说明该诉讼请求的案件情况,通知投资者在一定期间向人民法院登记。人民法院作出的判决、裁定,对参加登记的投资者发生效力。投资者保护机构受50名以上投资者委托,可以作为代表人参加诉讼,并为经证券登记结算机构确认的权利人依照前款规定向人民法院登记,但投资者明确表示不愿意参加该诉讼的除外。

四、评估涉及的刑事责任

当评估行为涉及到刑事责任时,参照我国刑法第二百二十九条和第二百三十一条界定相关法律责任。

《中华人民共和国刑法》第二百二十九条规定:承担资产评估、审计、法律服务等职责的中介组织的人员故意提供虚假证明文件,情节严重的,处5年以下有期徒刑或者拘役,并处罚金;有下列情形之一的,处5年以上10年以下有期徒刑,并处罚金。

(1)提供与证券发行相关的虚假的资产评估、会计、审计、法律服务等证明文件,情节特别严重的。

(2)提供与重大资产交易相关的虚假的资产评估、会计、审计等证明文件,情节特别严重的。

有前款行为,同时索取他人财物或者非法收受他人财物构成犯罪的,依照处罚较重的规定定罪处罚。

符合第(1)条描述的人员,严重不负责任,出具的证明文件有重大失实,造成严重后果的,处3年以下有期徒刑或者拘役,并处或者单处罚金。

《中华人民共和国刑法》第二百三十一条规定:对于单位犯提供虚假证明文件罪的,对单位判处罚金,并对其直接负责的主管人员和其他直接责任人员,依照第二百二十九条的规定处罚。

五、委托方的法律责任

若委托人提供的评估资料存在问题,但是评估机构没有及时发现也没有及时进行披露,最终导致评估结果出现问题,对第三方合法权益造成损害。此时案件的性质为共同侵权性质,其中委托人因违背了诚信原则而造成损害事实的,需承担主要责任和直接责任,评估机构负次要责任和间接责任。

第四章 矿业市场油气储量分类

由于不同的储量评估用途通常要求不同类别或不同级别的储量，评估过程中储量评估人员须结合地质认识程度、可采量的不确定性以及商业风险等因素进行储量类别与级别的划分，为此，储量评估人员需要深入理解矿业市场各类油气储量的分类定义，把握各类各级储量的界定原则。本章将对矿业市场广泛使用的油气储量的分类系统进行详细阐述，指引评估人员更好地掌握各类储量的含义。

我国现行的油气资源储量分类框架是资源型管理体系，注重资源的发现与潜力，服务于政府资源管理，与矿业市场强调的商业性与经济性差异较大。2000年以来，随着中国石油化工集团有限公司(中石化)、中国石油天然气集团有限公司(中石油)、中国海洋石油集团有限公司(中海油)陆续在海外资本市场上市，按照国际证券市场的信息披露规则，三家油公司均采用美国证监会的相关储量定义和评估规则评估储量并进行公开披露。后续三家油公司陆续在国内A股市场上市，但遵循上市公司在各证券市场间披露信息的一致性原则，且国内证券市场没有油公司储量信息披露的相关规定，三家油公司的储量信息披露仍采用国际主要资本市场通用的储量定义和评估规则，至此在国内证券市场采用国际储量分类定义进行上市储量评估，已有20余年的历史。

国际主要资本市场均规定了可用于其资本市场的油气储量分类，且均以国际石油工程师学会的石油资源管理体系(SPE-PRMS)为基础。SPE-PRMS强调资源的商业价值，以资源的发现状态和可采量的不确定性程度进行分级分类，高度契合矿业市场将资源作为资产管理的要求，在国际矿业市场上得到广泛应用，同样对我国矿业市场油气储量分类的制定具有非常高的参考价值。

自从矿产资源为人类所认识以来，拥有矿产资源的国家一直试图准确量化矿产的数量、等级和可开采程度。油气资源的发现是一个不断深化的过程，在各个勘探阶段，地质认识和可用的基础资料不同，导致评估的油气资源储量的可信度也不同，因此，各阶段的资源储量需要用不同的分类名称加以区别，才可以更有效地描述和反映对地下油气资源的认识，有利于能源政策的制定和油气资源的开发和利用。此外，油气的开采，需要资本市场的支持，除了地质认识程度，资本市场还关注油气采出的可行性以及采出后的市场销售和盈利能力，这就有了多维度的储量分类的需求。由此，在世界范围内，基于不同目的和用途，诞生了不同类型的储量分类体系。

目前国际上有影响力的油气资源的分级分类体系主要有联合国资源分类框架(UNFC)、SPE-PRMS、俄罗斯分类体系等。中国在2020年颁布了新版的分类体系——石油天然气资源/储量分类体系(CCPR-2020)。由于储量评估师需要根据地域、用途选用相应的分类体系开展评估工作,因此必须正确的理解各种分类体系的分类原则,以及各类储量的准确定义。

第一节 UNFC 分类体系历史沿革与现状

从国际层面来看,UNFC 分类体系具有较大的影响力。它是由联合国经济和社会理事会(ECOSOC)发布的,旨在建立包括固体和油气等矿产统一的资源储量分类体系,并作为一个其他分类体系相互对比的桥梁。该分类体系为非强制性标准。

UNFC 经历了 30 多年的发展历史,随着经济全球化不断发展和深入,资源储量分类的统一或实现相互之间的对比显得尤其重要,多个联合国成员国呼吁建立一套标准统一的资源储量分类体系。UNFC 分类框架大事记见附表 1。

一、联合国主要版本分类框架概况

在 1992 年德国政府提出建议的基础上,1997 年,ECOSOC 签署了由欧洲经济委员会组织制订的第一版联合国分类框架——《联合国国际储量/资源分类框架(固体燃料和其他矿产)》(UNFC-1997),推荐所有联合国成员国采纳该分类框架并应用于煤炭和矿业。UNFC-1997 主要目的是建立一种使固体燃料和其他矿产储量、资源能够以市场经济条件为基础按照国际统一系统进行分类的机制。这种新的分类系统可以兼容其他分类系统的现有名词,达到相互对比和兼容的目的,以此促进国际交流。UNFC-1997 的发布旨在促进国际贸易与合作,特别是"市场经济"与"转轨经济"国家之间的合作。UNFC-1997 另一个目的是,建立一种普遍能够理解的、简单的且易于为所有有关方面使用的系统。它应直接反映地质调查和评价矿产储量、资源过程中所采用的程序,应能包含这些调查和评价结果,即相应报告和文件中所罗列的储量、资源数字。UNFC-1997 是一种灵活的系统,它可以满足国家、公司或公共团体层次上应用、国际交流和全球调查的所有要求。UNFC-1997 适用范围为固体燃料和其他矿产。

UNFC-1997 是一个三维的分类框架,三个轴顺序为 G、F、E。G 轴表示地质评价,主要根据地质保证程度确定储量、资源类别;F 轴表示可行性评价,根据所做的可行性评价的详细程度作为划分储量、资源类别的一个维度;E 轴表示经济可靠程度,是可行性评价的实际结果(图 4-1)。

2004 年 2 月联合国欧洲经济委员会(UNECE)发布了"联合国化石能源和矿产资源分类框架"(UNFC-2004)。在这一版的分类体系中,进一步融合了各矿种的现存的分类体系,包括:联合国/国际采矿和冶金协会联合会(UN/CMMI)的煤资源分类、石油工程协会/世界石油大会/美国石油地质学家协会(SPE/WPC/AAPG)的石油资源分类和国际原子能机构/国际机构世界核能协会(IAEA/NEA)的铀资源分类。在油气方面,UNFC-2004 既参考 2000 年版的 SPE/WPC/AAPG 分类,也参考了俄罗斯和中国的分类系统。UNFC-2004 旨在更广泛地将当前现有的术语和定义纳入该框架,从而使它更具有可比性和兼容性。该版本增加了市场经济条件下能源和矿物的商品属性,并进一步完善了其基本特征。UNFC-2004 增强了系统的灵活性,使其能够满足国家、工业和机构一级的应用要求,并成功地用于国际交流和全球

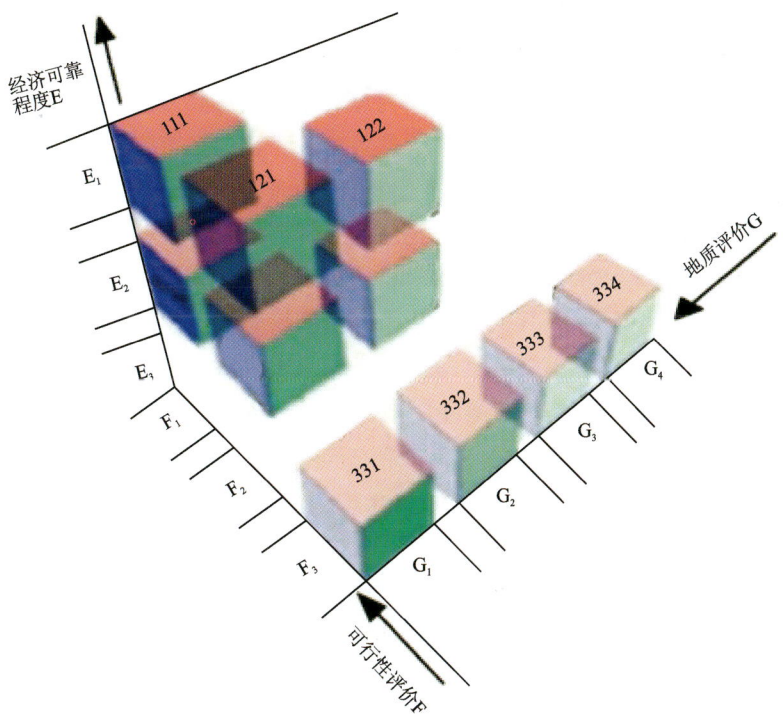

图4-1 UNFC-1997三维分类框架

评估。它满足了支持合理利用资源、提高管理效率、增强能源供应和相关财政资源安全所需的国际标准的基本需求。此外,新的分类有助于经济转型国家根据市场经济中使用的标准重新评估其能源和矿物资源。UNFC-2004适用范围为煤炭和矿物、石油和铀。

UNFC-2004版本中对剩余资源总量按照影响其可开采性的3个基本标准进行了分类:①E轴表示经济和商业可行性;②F轴表示现场项目状态和可行性;③G轴表示地质认识水平(图4-2、图4-3)。

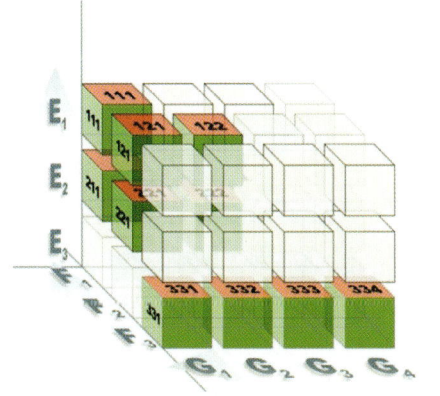

图4-2 UNFC-2004适用于煤、铀和其他固体矿物的三维分类框架

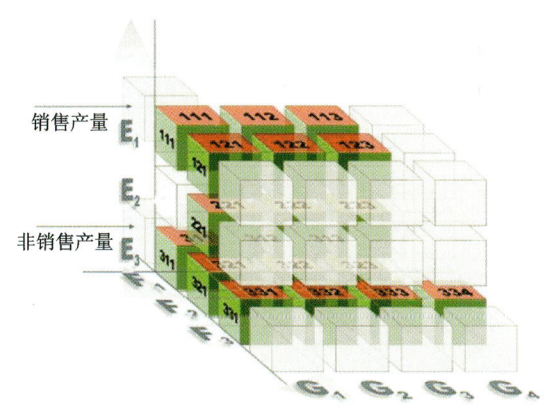

图4-3 UNFC-2004适用于石油的三维分类框架

2010年,为了确保该分类体系能在全世界适用,UNECE对2004版联合国分类框架进行了修订,经多方努力,发布了《联合国化石能源和矿产储量与资源分类框架》(UNFC-2009)。它的发布是为了尽可能满足与能源和矿物研究、资源管理功能、公司业务流程和财务报告标准有关的应用需求。本版本适用于位于地球表面和以下的化石能源、矿产储量和其他资源。

UNFC-2009是一个基于一般原则的系统:①E轴表示社会和经济条件在确定项目商业可行性方面的有利程度,包括市场价格和相关的法律、监管、环境和合同条件;②F轴表示现场项目状态和可行性,指实施采矿计划或开发项目所需的研究和承诺的成熟度,这些范围从早期勘探工作,一直延伸到提取和销售商品,并反映了标准的价值链管理原则;③G轴表示地质认识和潜在可采数量的信心水平。

与2004版相比,为了确保其与采掘业中广泛适用的系统保持一致,如国际矿产储量报告标准委员会标准(CRIRSCO)、SPE-PRMS,并便于与其他分类系统兼容,2009版将分类进行了适当的简化,将煤和铀的分类与石油的分类合并在一个框架中。自此,全世界超过60个国家应用了该分类框架,其中有些国家将UNFC作为国家标准使用(乌克兰、波兰等),另外一些国家在修订本国标准时采用了UNFC的原理(俄罗斯2013年油气储量和资源量分类等)。UNFC-2009框架如图4-4所示。

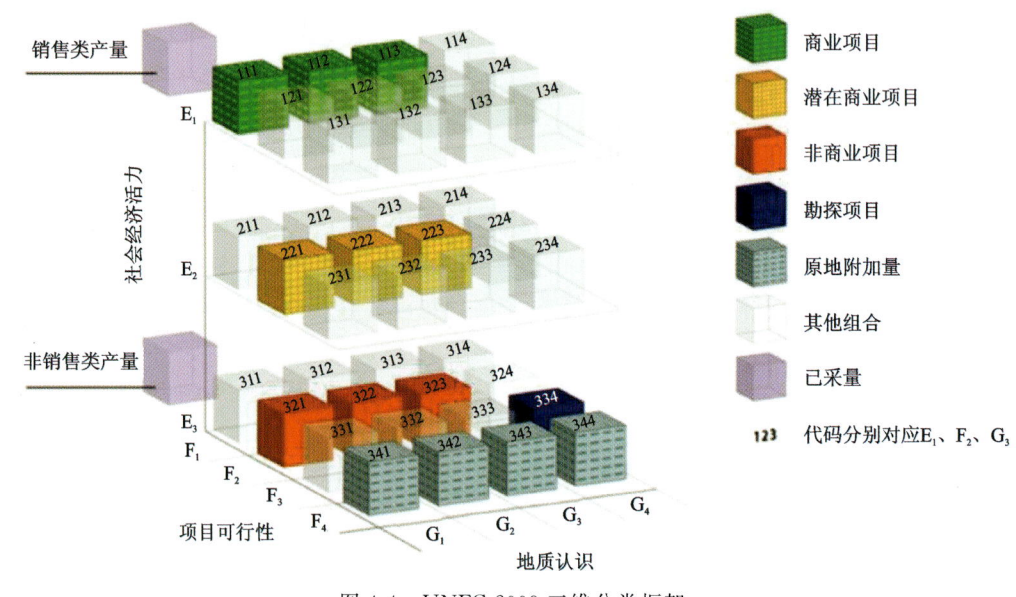

图 4-4　UNFC-2009三维分类框架

2020年,UNECE正式发布《联合国资源框架分类》(UNFC-2019)。UNFC-2019是在UNFC-2009的基础上进行更新。UNFC-2019旨在满足不同资源行业和应用的需求,并使UNFC充分对应于《联合国2030年可持续发展议程》所要求的可持续资源管理。UNFC-2019提供了一个统一的框架来描述对项目未来产品数量的置信水平(图4-5)。

UNFC-2019适用于可从中开发出产品的资源项目原料的各种资源,如太阳能、风能、地热、水能、生物能源、注入储存、碳氢化合物、矿物、核燃料和水。这些资源可能是原生自然资源,也可能是次生资源(人为资源、尾矿等)。

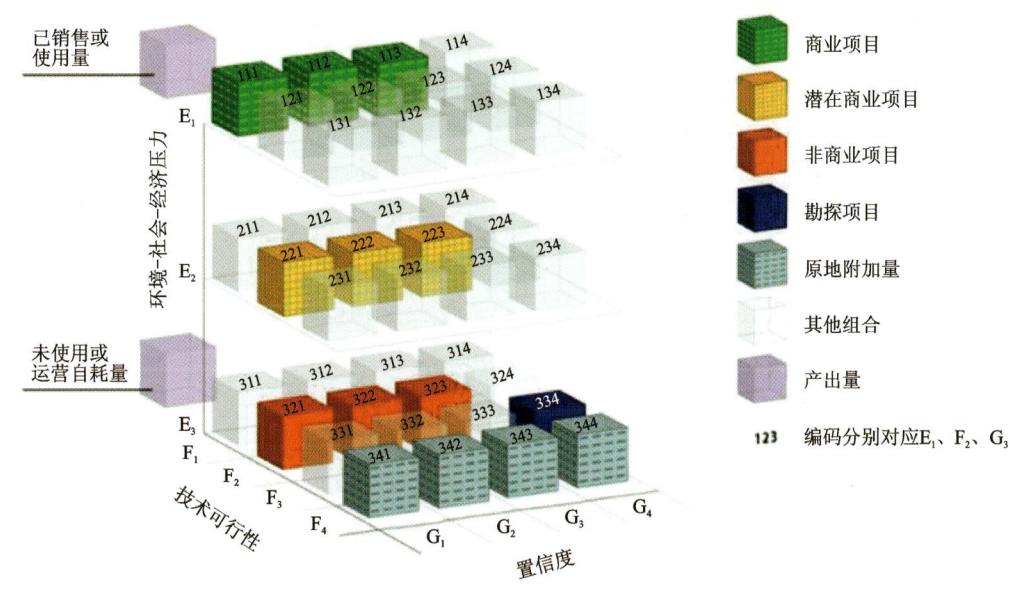

图 4-5 UNFC-2019 三维分类框架

UNFC-2019 是一个基于原则的体系,其中根据环境-社会-经济活力(E)、技术可行性(F)和估算值置信度(G)这3个基本分级标准,使用一种数字编码系统对某一资源项目的产品加以分类。其中E轴表示环境-社会-经济条件对于确定项目活力的有利程度,包括关于市场价格和相关法律、监管、社会、环境和合约条件的考虑;F轴表示为了实施项目而所需达到的技术、研究和承诺成熟度,这些项目范围广泛,从早期的概念研究直到充分开发并正在生产的项目,反映出标准价值链管理原则;G轴表示项目产品估算量的置信度。

环境-社会-经济活力(E轴)分为 E_1、E_2、E_3 三个级别,技术可行性(F轴)分为 F_1、F_2、F_3、F_4 4个级别,可信程度(G轴)分为 G_1、G_2、G_3、G_4 4个级别。不同的等级用数字来表述,例如 E_1 代表环境社会与经济可行性程度最高,F_1 代表技术可行性状态最优,G_1 代表项目评估的采出量可信度最高。E_1、F_1、G_1 表述的储量级别就可以用数字形式 111 来表示。

二、各版本演化分析

1997年、2004年和2009年版本都将能源范围放在名称中,如固体燃料和其他矿产。能源范围从最初的煤,扩展到石油和铀,进一步扩展到地表和地表以下的所有化石能源和矿产。2019年版本对名称进行了简化,不再包含能源范围,此版本分类框架强调可持续资源管理,包含能源范围扩展到太阳能、风能、地热、水能、生物能源等,同时从天然能源扩展到人为资源和尾矿等。

分类框架的目的也有所变化:UNFC-1997 主要目的是促进国际贸易与合作,特别是"市场经济"与"转轨经济"国家之间的合作。UNFC-2004 版本的目的主要是更广泛应用于国际交流和全球评估,满足支持合理利用资源、提高管理效率、增强能源供应和相关财政资源安全所需国际标准的基本需求。UNFC-2009 的分类目的中加入了财务报告标准有关的应用需求。至 UNFC-2019 版本,它强调可持续资源管理,旨在满足不同资源行业和应用可持续管理的需求。

分类轴的含义在每个版本中都有所修改,与目的的变化相呼应。UNFC-1997 版本分类体系,将地质认识放在第一位。UNFC-2004 强调剩余资源总量和可开采性。同时开始将经济可行性修改为经济和商业可行性并放在首位。之后 UNFC-2009 和 UNFC-2019 都沿用了这一分类顺序:E 轴、F 轴和 G 轴。其中 E 轴从最初的经济可行性-经济和商业可行性-经济和社会可行性,UNFC-2019 版本修改至环境-社会-经济可行性。在经济可行性之外逐步添加商业,社会和环境等影响因素。F 轴从最初强调可行性评价的详细程度至 UNFC-2009 实施采矿计划或开发项目所需的研究和承诺的成熟度。范围从早期勘探工作,一直延伸到提取和销售商品的项目。UNFC-2019,F 轴从现场项目状态和可行性更改为技术可行性,剥离了其中与 E 轴重叠的经济部分,G 轴经历了从地质评价阶段—剩余资源总量可采性的地质认识水平—对地质认识和潜在可采数量的信心水平—项目产品估算量的置信度的演化。从比较宽泛的地质评价至具体项目产品量的置信度,G 轴从定义上已经不再有地质字样出现。总体来看,E 轴范围在变宽,F 轴、G 轴范围变得更具体,更便于应用。

三、分类框架的应用

UNFC-2019 是一个基于项目的分类和管理系统,适用于包括石油、固体矿产、可再生能源在内的所有能源和矿产资源项目,以及包括 CO_2 储存在内的人为资源项目和地下储存项目。

UNFC 的应用范围也在逐年变化(图 4-6),1997 年 UNFC 主要应用于固体燃料和矿物,2009 年开始应用于油气和铀,2016 年应用于可再生能源(地热)和注入项目,2017 年开始应用于生物能,2018 年应用于人造资源,2020 年开始应用于可再生资源(地热、生物能、太阳能、风能和水力)。

在油气方面,2021 年 9 月发布了"应用于石油的联合国资源分类框架补充规范"。它是 2021 年 4 月在资源管理专家组会议上通过的,是由欧洲经济委员会专家和欧洲经济委员会成员国专家,以及非欧洲经济委员会成员国、其他联合国机构和国际组织,专业协会等部门专家联合开发。本规范是 UNFC-2019 在石油方面应用的一个详细解析,包括:对石油产品、石油项目和有效日期的解释;对分类框架在石油方面与相应模块相结合的进一步解读;对 E、F、G 轴相关影响因素的逐个分析。同时,

图 4-6 UNFC 的应用范围演变
(修改自 UNECE 发布的资料)

此规范补充了针对石油的评估程序(容积法、类比法和生产动态法)、评估方法(确定性法和概率法)、合并以及非常规资源等。

根据 UNFC-2019 中定义的类别,E、F、G 轴的 3 个标准及其组合分为 6 类:①可行性项目(E_1,F_1,G_1,G_2,G_3);②潜在可行性项目(E_2,F_2,G_1,G_2,G_3);③不可行项目(E_3,F_2,G_1,G_2,G_3);④可能项目(E_3,F_3,G_4);⑤未从已确定项目开发的剩余产量(E_3,F_4,G_1,G_2,G_3);⑥未从可能项目开发的剩余产量(E_3,F_4,G_4)。

未出售的未来产量,如直接烧掉和损失的燃料,或者在操作中被消耗的(consumed in operations,简称CiO)被分类为 $E_{3.1}$。G轴类别可以单独使用(即 G_1、G_2 和 G_3)或累积使用(即 G_1、G_1+G_2、$G_1+G_2+G_3$)。其中 G_1 为低估值代表P90,G_2 为最佳估值代表P50,G_3 为高估值代表P10。

第二节 SPE-PRMS 油气储量分类体系历史沿革与现状

与 SPE-PRMS 油气储量分类体系相关的有多个国际油气行业协会:石油工程师协会(Society of Petroleum Engineers,SPE)、世界石油理事会(World Petroleum Council,WPC)、美国石油地质家协会(American Association of Petroleum Geologists,AAPG)、石油评估工程师协会(Society of Petroleum Evaluation Engineers,SPEE)。

SPE 是一个独立、非营利性的全球行业协会,作为一个专业技术组织,目前在全球138个国家有约11.9万的会员。SPE是一个关键技术和专业交流的平台,通过培训、出版书籍杂志为会员提供面对面和在线交换信息的机会。它旨在连接全球工程师、科学家和相关能源专业人士进行知识交流、创新,并提高他们在石油和天然气及相关能源的勘探、开发和生产方面的技术和专业能力,以助力安全、可靠和可持续的能源发展。

SPE 的建立最早可以追溯到1871年,起源于美国宾夕法尼亚州采矿工程师协会(AIME)。SPE 的最早的雏形是1913年 AIME 内部成立的一个石油和天然气常设委员会,1957年,该组织正式更名为 SPE。1985年成为一个独立的组织。

一、SPE-PRMS 油气储量分类体系历史沿革

SPE-PRMS 在分类演化过程中是先从定义开始的,逐渐演化形成分类体系,因此其分类演化历史沿革包括定义演化和分类框架演化两部分(附表2)。

1. 定义演化

石油资源相关定义和评估方法标准化始于20世纪30年代,早期定义从证实储量开始。1936年,美国石油学会(API)起草了证实储量定义;1946年美国天然气协会(AGA)起草了证实天然气储量定义。在 API 定义的基础上,SPE 于1964年推出自己的证实储量定义。证实储量的定义为:在现有的经济和工程条件下,从已知油气储层中可以采出的,有合理的地质和工程确定性的原油、天然气和天然气液的数量。该数量是基于严格的技术判断,并且不受主观态度的影响。1981年 SPE 根据 SEC1978年发布的储量定义修订了证实储量定义。修订后的证实储量定义为:在现有经济条件下,基于地质和工程数据评估的,从已知储层中,有合理的确定性可以采出的,原油、天然气和天然气液的数量。

1987年 SPE 发布了所有储量类别(证实、概算和可能)的定义。同年,当时被称为世界石油大会的世界石油理事会(WPC)也发布了储量的定义,二者出人意料的相似。1997年,两个组织联合发布了唯一一套可以在全球范围内使用的储量定义:储量是指从给定日期起从已知聚集体中预计可商业开采的石油数量。所有储量估算都涉及一定程度的不确定性。不确定

性主要取决于估算时可用的地质和工程数据的可靠程度以及对这些数据的解释。按照不确定性程度可以将储量分为两大类,即证实储量和未证实储量。未证实储量采出的可能性小于证实储量,可进一步细分为概算储量和可能储量,表示其可开采的不确定性逐渐增加。

证实储量是通过地球科学和工程数据分析,在当前的经济条件、作业方法和政府制度下,从一个给定的日期之后,以合理的确定性评估,从已知油藏可商业开采的石油量。

如果使用确定性方法,"合理确定性"旨在表示可采数量高置信度。如果使用概率方法,实际开采的数量至少应有90%的概率等于或超过估计值。

当前经济条件的确定应包括一个平均期内相关的历史石油价格与成本,该平均期应与储量估算目的、相关合同义务、公司程序以及报告这些储量所涉及的政府法规相一致。

一般来说,如果油藏的商业生产能力得到实际生产或地层测试的支持,则认为储量已证实。在这种情况下,证实一词是指石油储量的实际数量,而不仅仅是油井或油藏的生产能力。在某些情况下,证实储量可以根据测井和/或岩心分析进行确定,这些分析应能够说明目标储层是含油气的,且可与同一地区有正生产或测试已证明有生产能力的油藏进行类比分析。

已证实的油藏区域包括:通过钻探划定且由流体界面(如果有的话)圈定的区域,以及根据现有的地质和工程数据可以合理判断为可商业生产储层的未钻探部分。在没有流体界面数据的情况下,除非明确的地质、工程或动态数据证明,否则将已知的烃底界(LKH)作为已证实的界面下限。

储量估算时如果用于加工和向市场运输的设施已投入使用,或有合理预期将安装此类设施,此类储量可归类为证实储量。将未开发区的储量归类为证实未开发储量,需满足以下全部条件:①与目的层段中的商业油气流井直接相邻的区域;②有合理的确定性表明是位于目标层段中已知证实可生产界限内的区域;③这些区域符合现有井井距规定(如适用);④有合理的确定性表明这些区域将被开发。其他区域的储量只有在对井的地质和工程数据的解释有合理的确定性表明目的层段横向连续,并且在直接相邻以外的区域含有可商业开采的石油时,才能归类为证实未开发。

对于采用已经实践成功的提高采收率方法获得的增量储量可以划分为证实储量,需满足以下条件:①提高采收率方法在试点项目中已成功测试,或在类比区已经完成的项目中取得了良好效果,此类比区是指具有相似岩石和流体特性的相同或类似储层;②有理由确定该项目将继续进行。对于采用尚未最终证明商业成功的提高采收率方法得到的增量储量,若将其划为证实储量,需满足以下条件:①目标储层中有以下两种情况已取得良好生产效果,代表性试点或有已实施项目可为该项目提供分析依据;②有理由确定该项目将继续进行。

1997年SPE/WPC发布的石油储量定义在原储量定义基础上,在以下3个方面进行了拓展:一是在评估所有类别的储量(包括已证实储量)时可同时使用概率和确定性方法;二是允许在评价所有储量类别时可使用平均价格;三是认可了油藏数值模拟在评估采收率方面的有效性。

上述拓展在储量报告规范和评估技术方面都有重要的进展,但其定义还存在一些重大遗漏,例如:

(1)未能认识到应将定义从储量扩大到整个资源基础,包括已知油藏中目前尚未具备商

业价值的石油数量,以及未发现的石油数量;

(2)没有对平均价格的实际应用深入解读,也没有对项目经济效益和储量的抑制作用给出说明;

(3)没有给出概率法在石油储量和资源评估的应用指导,以及相应的汇总对公司资产基数的影响;

(4)没有介绍报告天然气量的常见行业作法,包括用作燃料和燃烧的数量,其他项目天然气的注入量,从天然气量到石油当量的转换,以及国际会计系统,对诸如生产分成和服务合同的规范作法;

(5)没有强调各种国际法规在全球石油储量和资源的评估和报告中发挥的关键作用。

1964—1997年,历经30余年的发展,石油储量的系列定义已经发展基本完备,但长期商业规划必须基于尚未发现的地质资源与目前无法经济开采的地质资源。为此,SPE储量委员会开始研究针对所有石油资源的分类系统。

2. 分类框架演化

2000年,SPE、AAPG和WPC联合开发了一个针对所有石油资源的分类系统,这就是SPE-PRMS分类系统的雏形。接着又出版了相应的支持文献:《储量和资源评估指南》(2001年)、《储量估算和审计标准》(2001,最新版修订于2019年6月)和《资源定义术语表》(2005年)。

2000年,SPE、AAPG和WPC联合开发了一个针对所有石油资源的分类系统《石油资源分类系统和定义》[SPE(2000)]。这是在1997年SPE和WPC共同发布的《石油储量定义》基础上更新和修订而形成,由原来的一系列单独定义发展为二维框架系统,用以反映各资源分类之间的关系。

SPE(2000)分类框架将石油总原始原地量分为储量、条件资源量、远景资源量。分类框架反映了对聚集体的资源量的任何估计都受到技术和商业不确定性的影响。不确定性范围用"低估值""最佳估值"和"高估值"来反映。就储量而言,低估值(1P)对应证实储量,最佳估值(2P)对应证实加概算储量,高估值(3P)对应证实加概算加可能储量。其中储量相关定义延续使用了1997年版的定义。

2007年SPE、WPC、AAPG与SPEE结合业界发展,发布了《石油资源管理系统》[SPE-PRMS(2007)]。为了更好地应用SPE-PRMS(2007),2011年SPE、AAPG、WPC、SPEE,联合勘探地球物理学家协会(SEG)一起出版了PRMS应用指南《石油资源管理系统应用指南》。

SPE-PRMS(2007)旨在改进并取代以前的有关准则,包括1997年的石油储量定义、2000年的石油资源的分类及定义和2001年的石油储量和资源评价准则。SPE-PRMS(2007)提供一套更新的资源评价术语表,该表取代2005年的相关版本。SPE-PRMS(2007)中的定义和准则为国际石油工业、各国的国家资源评价报告和法规发布机构提供了通用参照,并支持石油项目和资产组合管理的需求。它们旨在提高全球范围内石油资源交流方面的透明度。这些定义和准则允许用户和机构根据其特定需要,适当地修改或调整应用。但是,要求对本文件的准则的任何修改都应清楚地标明。SPE声明本文件的定义和准则不是对任何现有监管报告要求的解释或其应用的修改。

SPE-PRMS(2007)版本主要变化在于：

(1)合并、简化了之前的4个定义或指南文件成为一个《石油资源管理系统》，包括：1997年SPE/WPC石油储量应用指南；2000年SPE/WPC/AAPG石油资源分类和定义；2001年SPE/WPC/AAPG石油储量和资源量评估指南；2005年SPE/WPC/AAPG术语表。

(2)明确提出在资源储量评估时，一般情况使用预测条件，但仍允许选择使用常数条件。大多数公司的决策都基于预测条件；一些监管机构要求在持续的报告中使用固定条件。

(3)认识到非常规资源日益增长的重要性，它适用于常规资源和非常规资源。

(4)低、中、高类别的条件资源量分别重新标记为1C、2C和3C。与1P、2P和3P储量不确定性类别一致，但受到商业性分界线的限制。

(5)增加分类修饰词：1P、2P和3P储量中增加了已开发和未开发储量状态；储量、条件资源量和远景资源量按项目成熟度进一步细分，各分为3个亚类；条件资源细分为"边际经济"和"次边际经济"2类。

在SPE-PRMS(2007)系统中，石油是指以气态、液态和固态自然存在的碳氢化合物。石油也可以含有非碳氢化合物。常见的有二氧化碳、氮、硫化氢和硫。这些非碳氢化合物的成分偶尔可以超过50%。本文使用的"资源(resources)"一词涵盖地壳中自然形成的所有石油量，包括已发现的、未发现的(可采的和不可采的)和已经产出的石油量。该版本包括"常规"和"非常规"石油。

SPE-PRMS(2007)是基于项目的资源/储量分类体系(图4-7)，其纵向上按是否发现原地

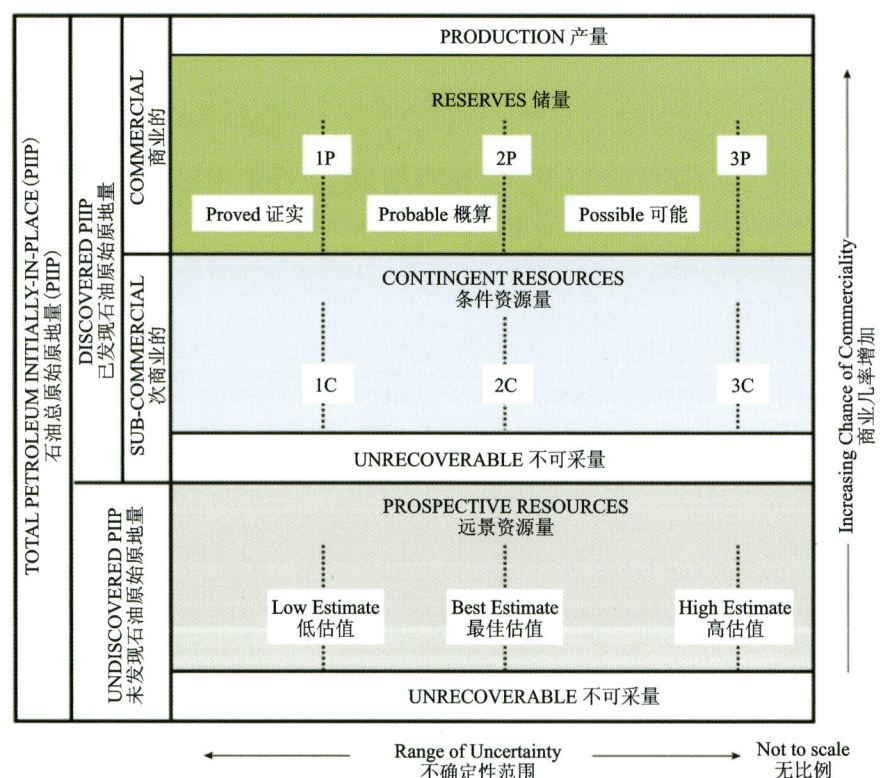

图4-7 SPE-PRMS(2007)资源分类系统

量及项目能否实施并且达到商业生产状态的概率划分为未发现原地量、已发现次商业原地量和已发现商业原地量三级,对应的可采量分别为远景资源量、条件资源量和储量;横向上以项目涉及的可采量及可销售量的确定性程度进行分类。

SPE-PRMS(2007)中关于储量的定义与 SPE(2000)框架的储量定义有两点区别,把证实储量"当前条件"和概算储量、可能储量"未来条件"统一更新为"给定条件",并在定义中增加了"项目"的概念。储量是在给定的条件下,从一个给定日期开始,通过对已知的石油聚集体实施开发项目且预期可商业开采的石油量。储量必须满足 4 个标准:已发现的、可开采的、具商业价值的和从既定开发项目实施起截至评估日期尚未产出的剩余量。依据评估的确定性程度,储量可进一步分级为证实、概算和可能;以项目成熟度,储量再进一步分为正生产、批准开发和证明适合开发亚类;还可以根据项目开发及生产状态可将储量进一步划分为已开发/未开发、正生产/未生产、关井/管外亚类。

2018 年 6 月由 SPE、WPC、AAPG、SPEE、SEG、SPWLA、EAGE 联合发布了更新的《石油资源管理系统》[SPE-PRMS(2018)],它整合 SPE-PRMS(2007)和 2011 年发布的《应用指南》,并且在保持 SPE-PRMS(2007)中包含的基本原则基础上,增加了 1 条术语解读和 28 项更新。

SPE-PRMS(2018)版本修订的目的是:促进 PRMS 定义和相关分类系统在国际上的更普遍使用,包括支持石油项目和投资组合管理要求。支持司法管辖区的国家报告和监管披露要求,并提供 UNFC 下石油的规范,以支持石油项目和投资组合管理要求。新的定义提供了可比性的衡量标准,减少了资源评估的主观性,旨在提高全球石油资源信息通报的清晰度。

SPE-PRMS(2018)保持了 SPE-PRMS(2007)中包含的 8 项基本原则。根据收集的公众意见,进行了 28 项(包括 5 个亚项)更新。其所保持的原则包括:①系统"基于项目";②分类是基于项目的商业机会,分级是基于可采的不确定性;③一般情况采用对未来情况的预测;④为项目管理提供详细分级;⑤基于确定性法和/或概率法进行评估;⑥适用于常规和非常规资源;⑦储量/资源是根据销售数量估算的,只有在与销售分开报告时,运营消耗量(consumed in operations)才能作为储量计算在内;⑧净资源量是根据合同条款分配的。

其中,1 条术语解读为:术语"应该(shall)"或"必须(must)"表示此处的规定对于 PRMS 是强制性的,而"应(should)"表示建议,"可以(may)"表示允许。

28 项更新中主要的 10 项如下:

(1)条件资源类中新增了参考名称为 C1、C2、C3 的类别,在远景资源类中新增了参考名称为 1U、2U、3U 的累计类别。

(2)把产量和不可采量分别从商业和次商业中独立出来,升级为已发现石油原始原地量(petroleum initially-in-place,PIIP)子集,使

$$产量+储量+条件资源量+不可采量=发现的 PIIP 保持了质量平衡。$$

(3)明确了利用最佳估值(或更高置信度)得到的 2P 估算值作为项目商业决策的标准。

(4)在确定 2P 项目具备商业性后,按保守和乐观情景估算,满足经济性检查的分别作为 1P 和 3P 储量。

(5)当 1P 不经济时,2P 储量可以在没有 1P 的情况下存在。

(6)不允许存在单独的可能储量,除非是具有 2P 的相邻项目的延伸。

(7)将 SPE-PRMS(2007)边际和次边际条件资源重命名为经济可行和经济不可行条件资源。

(8)与未开发储量相关的项目应在初始分类日期起五年内开始开发(除非有明确理由)。"5 年规则"适用于所有储量类别,而不仅仅适用于证实储量类别。

(9)页岩油和页岩气是致密油和致密气的亚型。

(10)废弃、停产和恢复(abandonment,decommissioning and restoration,ADR)成本必须包含在新投资项目的经济评估中。正生产的开发项目的经济极限不受 ADR 的影响,除非合同条款中明确规定。

条件资源可以包括基于尚处于研发阶段技术的商业可采项目。储量分类要求使用成熟技术,其开采或处理方法在技术上可行且已证明可成功应用。

增加了技术可采资源量(TRR),是参考使用当前可用技术和行业实践估算得出的可开采石油量,而不考虑商业因素。TRR 可以用于特定项目或项目组,也可以是对一个具有开采潜力的区域(通常是整个盆地)的整体估算。

SPE-PRMS(2018)是基于项目的资源/储量分类体系(图 4-8),其纵向上按项目是否发现将原地量划分为未发现原地量、已发现原地量,按商业机会将已发现原地量未采出部分又进一步分为储量、条件资源量和不可采量,未发现原地量包括远景资源量和不可采量;横向上为可采量的不确定性范围。首次在条件资源类中新增了参考名称为 C1、C2、C3 的类别,在远景资源类中新增了参考名称为 1U、2U、3U 的累计类别(图 4-8)。

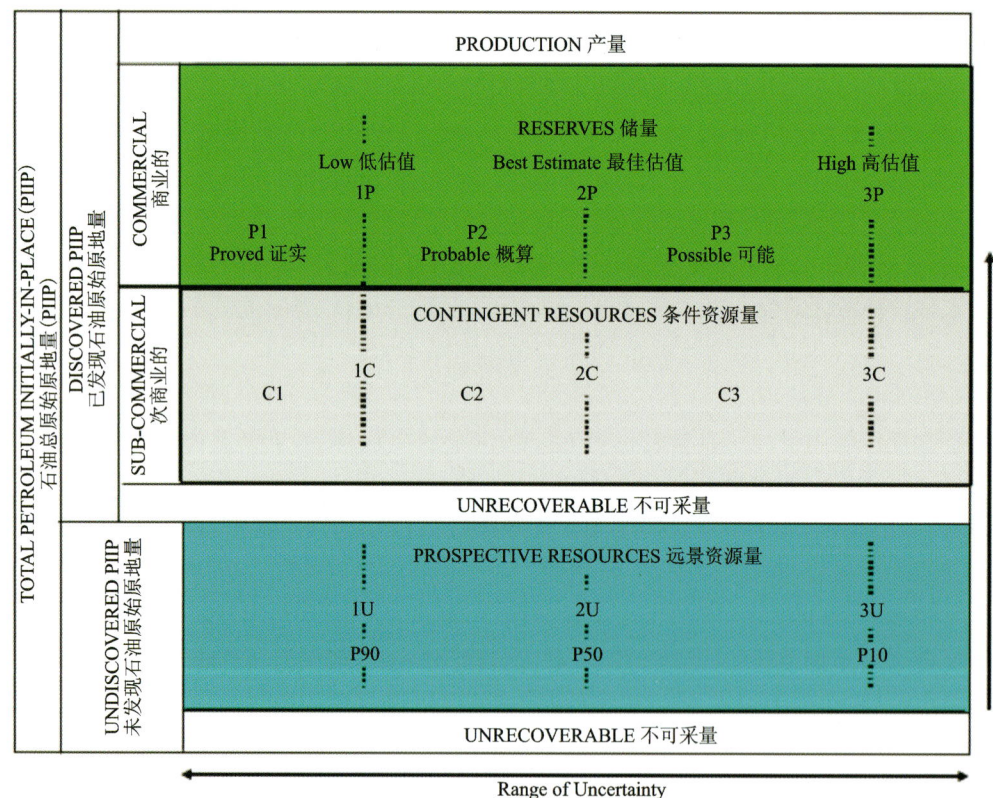

图 4-8　资源分类系统(SPE-PRMS,2018)

二、SPE-PRMS 演化趋势分析

名称上,2000 年分类框架为《石油资源分类系统和定义》[SPE(2000)];2007 年和 2018 年版本皆为《石油资源管理系统》。2000 年,在名称上强调了定义,到了 2007 年、2018 年版本,名称上不再强调定义,而是把定义纳入系统成为其组成部分,同时版本最后附有术语表。

各个版本分类框架/系统的主要意义如下。

SPE(2000)主要意义在于突破之前主要聚焦于一系列的储量的定义,将范围扩大到产量、储量、资源量、不可采量以及原地量整个地质资源序列,首次在一个完整框架将各种分类进行了明确的区别,可以为资源管理提供更完整的资源报告。

SPE-PRMS(2007)主要意义在于从一个概念框架演变为一个具有内在关联性的完整系统,通过项目的成熟度建立了远景资源量、条件资源量和储量之间的关联关系。该版本增加了分级分类准则、评价和报告准则和可采量估算方法,为国际石油工业、国家资源报告和各国证券市场等提供了通用参照,更好地支持了石油项目和资产组合管理的需求,提高了全球石油资源交流方面的透明度。

SPE-PRMS(2018)的主要意义在于通过 28 项更新和一项术语解读对 2007 版本进行了完善。该版本为各种定义提供了可比性的衡量标准,减少了资源评估的主观性,提高了全球石油资源信息通报的清晰度。

三、分类框架的应用情况

2000 年、2007 年和 2018 年每个版本分类框架推出后,都配套着应用指南的出版或是更新。

第一版本:配套 2000 年分类框架 2001 年出版的《石油储量和资源量评估指南》,共包含 9 章:第 1 章概述;第 2 章石油资源分类和定义;第 3 章操作问题解答;第 4 章当前的经济条件;第 5 章概率法储量估算;第 6 章储量汇并;第 7 章地质统计学在石油工业中的应用;第 8 章地震技术应用;第 9 章产量分成合同和其他非传统合同的储量分成。

第二版本:配套 2007 年分类系统 2011 年出版的《石油资源管理系统应用指南》。2019 年发布该版本的中英文对照版。

在 2001 版指南的基础上进行了大量更新,增加了以下新的内容:①确定法程序估算石油资源;②非常规资源。共有 10 章:第 1 章绪论;第 2 章石油资源定义、分类与分级指南;第 3 章地震技术应用;第 4 章确定法石油资源评估;第 5 章概率法储量估算;第 6 章储量汇并;第 7 章石油储量与资源量价值评估;第 8 章非常规资源的估算;第 9 章产量计量与处理;第 10 章资源的份额及认定。

2011 版指南对原有章节也进行了修订,以反映当前的技术进展,并增加了案例。该指南在 2001 版文档基础上进行更新,提高准确性,但尚不能指导储量评估涉及的所有环节。

第三版本:2022 年,SPE 和石油和天然气储量委员会(OGRC)联合发布了《石油资源管理系统应用指南(AG)》,该文件取代了 2011 版指南。2022 年修订版中的关键注意事项涉及以下 5 点。

(1)扩充内容:2011版指南发布时,非常规评估指南仍处于形成阶段。本版本中关于非常规资源增加了非常规油气评估的当前最佳实践,包括许多说明性示例,以利于用户参考。

(2)增加示例:所有章节都添加了大量示例。

(3)章节之间交叉引用:把一个章节中的材料与其他章节中的类似材料集成在一起,并且章节之间有许多交叉引用以呈现应用的一致性。

(4)修订词汇表:包括SPE-PRMS(2018)中的术语以及仅在指南中出现的术语,例如地震解释相关的术语。

(5)增加新章节:增加了岩石物理学和油藏数值模拟。由于SPE-PRMS(2018)中首次包含"净产层(net pay)"一词,因此岩石物理学一章尤为重要。

第三节　中国油气资源储量分类系统历史沿革

我国油气资源储量的概念和分类,从1966年至今经历了数轮更改和修订,反映了在相应历史条件下人们对以数量、质量、空间等为表征的矿产资源的认识(附表3)。我国现行分类国标为《油气矿产资源储量分类》(GB/T 19492—2020)(以下简称《20版国标》),于2020年5月1日实施。该版国标在2004版国标的基础上进行了较大幅度的修订和补充,其中将油气资源储量分为"1个资源量和3个地质储量(预测地质储量、控制地质储量、探明地质储量)"。《20版国标》中的相关定义如下。

油气矿产资源:在地壳中由地质作用形成的、可利用的油气自然聚集物。其中油气指石油、天然气、页岩气和煤层气。油气矿产资源以数量、质量、空间分布来表征,其数量以换算到20℃、0.101MPa的地面条件表达,可进一步分为资源量和地质储量两类。中国油气矿产资源储量分类如图4-9所示。

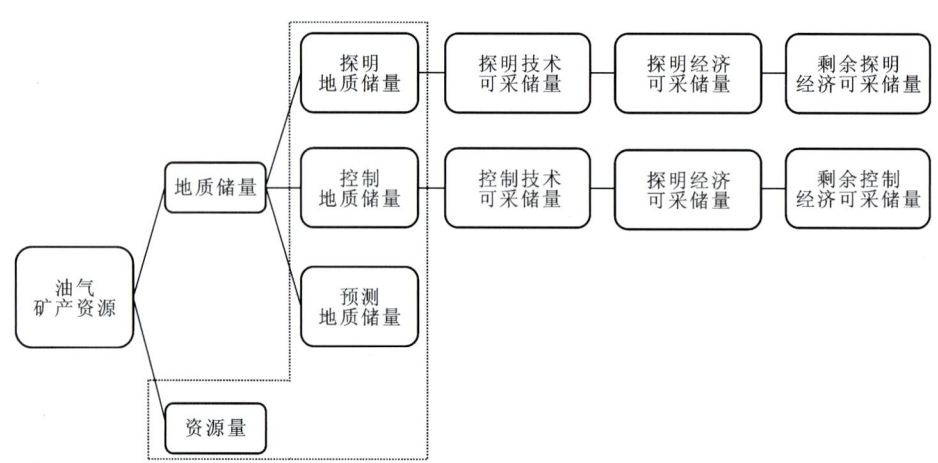

图4-9　中国油气矿产资源储量分类(CCPR-2020)

资源量:待发现的未经钻井验证的,通过油气综合地质条件、地质规律研究和地质调查推算的油气数量。资源量是发现石油之前计算的油气数量,可靠性比较低。2004版国标将资源量分为地质资源量和可采资源量,而在更新后的国标中,资源量不再分级,且不包含已经发现的地质储量。

地质储量：在钻井发现油气后，根据地震、钻井、录井、测井和测试等资料估算的油气数量，分为预测地质储量、控制地质储量和探明地质储量。这三级地质储量按勘探开发程度和地质认识程度其可靠度依次由低到高。

储量：发现石油之后计算的油气数量，一般是针对一个构造和一个小的区域进行计算的，可靠性比较高。

预测地质储量（三级）：钻井获得油气流或综合解释有油气层存在，对有进一步勘探价值的油气藏所估算的油气数量，其确定性低。

控制地质储量（二级）：钻井获得工业油气流，经进一步钻探初步评价，对可供开采的油气藏所估算的油气数量，其确定性中等。

探明地质储量（一级）：钻井获得工业油气流，并经钻探评价证实，对可供开采的油气藏所估算的油气数量，其确定性高。

技术可采储量：在地质储量中按开采技术条件估算的最终可采出的油气数量。控制技术可采储量是在控制地质储量中，依据预设开采技术条件估算的、最终可采出的油气数量。探明技术可采储量是在探明地质储量中，按当前已实施或计划实施的开采技术条件估算的、最终可采出的油气数量。

经济可采储量：在技术可采储量中按经济条件估算的可商业采出的油气数量。控制经济可采储量是在控制技术可采储量中，按合理预测的经济条件（如价格、配产、成本等）估算求得的、可商业采出的油气数量。

剩余控制经济可采储量是控制经济可采储量减去油气累计产量。探明经济可采储量是在探明技术可采储量中，按合理预测的经济条件（如价格、配产、成本等）估算求得的、可商业采出的油气数量。剩余探明经济可采储量是探明经济可采储量减去油气累计产量。

为进一步了解我国油气资源储量术语和定义，以下从勘探开发阶段划分、资源储量类型区分和估算流程、油气田开发状态等三大方面解读新版资源分类定义。

一、勘探开发阶段划分

油气田勘探开发按照"有没有""有多少"和"可采多少"的勘查逻辑，将勘探开发阶段精简地划分为预探、评价和开发3个阶段。预探阶段是通过地震等物化探以及预探井钻探，圈定出有利含油气区带和优选有利圈闭（甜点区），基本查明构造、储层、盖层、油气藏特征等情况，发现油气藏；评价阶段是在预探阶段发现油气藏后，进行地震勘探和评价井钻探，查明构造形态、储层分布、储层物性变化等地质特征，以及油气藏特征、储集类型、驱动类型、流体性质及分布和产能特征，明确开采技术条件和开发经济价值，完成开发概念设计；开发阶段即编制开发方案，按开发方案实施井发井网钻探，完成配套设施的产能建设，进行油气开采生产活动，并在生产过程中对开发井网进行调整、改造和完善，提高采收率和经济效益，直至油气田废弃。

2004版国标中将控制和预测地质储量与圈闭预探阶段相对应，探明地质储量与评价阶段相对应。在实际油气勘探过程中，即使处于圈闭预探阶段，某一区域储量如果能达到探明要求，也应可以提交探明储量报告。因此，《20版国标》在简化勘探开发阶段划分的基础上，将预探阶段、评价阶段和开发阶段的成果与提交何种级别的储量脱钩,在各阶段,只要在矿业权范围内发现的油气储量达到探明要求,均可以向国家提交探明储量报告,申请探明储量备案。这在探采合一的制度中,有利于加快油气探明储量的发现和提交。

二、资源储量类型划分和估算流程

依据油气藏的地质可靠程度和开采技术经济条件并按照简明适用、与矿政管理改革同步考虑总要求,《20版国标》按照"1+3"原则把油气矿产资源分为"1个资源量和3个地质储量(预测地质储量、控制地质储量、探明地质储量)",企业可根据技术能力确定技术可采储量,根据经营决策确定经济可采储量。

对油气资源储量类型划分和估算需要注意以下几点。

(1)资源量不再分级。

(2)地质储量分为三级:预测地质储量、控制地质储量和探明地质储量。

(3)估算预测地质储量时,应初步查明构造形态、储层情况,已获得油气流或钻遇油气层,或紧邻在探明地质储量或控制地质储量区,并预测有油气层存在,经综合分析有进一步勘探的价值,其地质可靠程度低。预测储量是制订评价钻探方案的依据。

(4)估算控制地质储量,应基本查明构造形态、储层变化、油气层分布、油气藏类型、流体性质及产能等,或紧邻在探明地质储量区,地质可靠程度中等,可作为油气藏评价和开发概念设计(开发方案)编制的依据。

(5)估算探明地质储量,应查明构造形态、油气层分布、储集空间类型、油气藏类型、驱动类型、流体性质及产能等;流体界面或最低油气层底界经钻井、测井、测试或压力资料证实;应有合理的钻井控制程度或一次开发井网部署方案,地质可靠程度高。探明储量是编制油气田开发方案、进行油气田开发建设投资决策和油气田开发分析的依据。按我国规定,储量只有达到探明储量级别,油气田才允许被开发。

(6)估算技术可采储量时,在控制地质储量中根据开采技术条件估算控制技术可采储量,在探明地质储量中根据开采技术条件估算探明技术可采储量。

(7)估算经济可采储量时,在控制技术可采储量中根据经济可行性评价估算控制经济可采储量,在探明技术可处理中根据经济可行性评价估算探明经济可采储量。

(8)地质储量、技术可采储量和经济可采储量这三者是包含关系,地质储量中包含技术可采储量,技术可采储量中包含经济可采储量。地质储量强调其"第一性资料"是必要条件,而技术可采储量、经济可采储量是动态变化的。另外,估算地质储量、技术可采储量、经济可采储量,必须要达到相应的地质可靠程度和技术经济条件,其标识非常清楚,不容许有模糊地带。

(9)2020版首次增加了储量数据管理和发布的新要求,声明了发布油气矿产资源量和地质储量数和数据时,应严格使用新标准规定的术语;强调了在使用与发布地质储量数据时,探明地质储量、控制地质储量和预测地质储量应单独列出,不得相加;明确了探明地质储量、探明技术可采储量和探明经济可采储量由自然资源主管部门统计和管理,国家发布探明地质储量和探明技术可采储量;指出了控制地质储量、控制技术可采储量和预测地质储量由矿业权人按照国家标准规范和相关规定自主管理;规定了油气田从发现直至废弃的勘探开发过程中,矿业权人应根据地质资料、工程技术以及技术经济条件的变化,及时进行储量估算,并编制相应的新增、复(核)算、标定和结算储量报告。

三、油气田开发状态

新版国标不再对储量状态分类,只根据开发井网实施程度将油气藏或区块界定为未开发和已开发两种状态。

在油气藏或区块中,完成评价钻探,但开发生产井网尚未部署,或开发方案中开发井网实施 70% 以下的,状态界定为未开发。

在油气藏或区块中,按照开发方案,完成配套设施建设,开发井网已实施 70% 及以上的,状态界定为已开发。

第四节 中国矿业市场油气资源储量分类系统

根据国内市场油气资源储量管理需求,借鉴国际市场通行的以剩余可采量为核心的管理理念,以国家《油气矿产资源储量分类》(GB/T 19492—2020)中的地质储量和技术可采储量为基础,对剩余可采量进一步完善并细化分类分级,矿评协组织起草了"市场油气资源储量分类分级框架"试行稿,以满足国内市场油气资源储量评估和价值评估的需要。市场油气资源储量分类分级框架如图 4-10 所示。

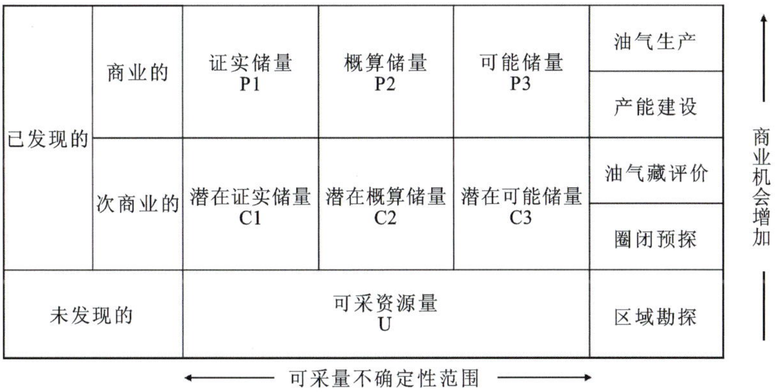

已发现的	商业的	证实储量 P1	概算储量 P2	可能储量 P3	油气生产
					产能建设
	次商业的	潜在证实储量 C1	潜在概算储量 C2	潜在可能储量 C3	油气藏评价
					圈闭预探
未发现的			可采资源量 U		区域勘探

← 可采量不确定性范围 →
商业机会增加 ↑

图 4-10 市场油气资源储量分类分级框架

市场油气资源储量分类分级框架,以商业机会和可采量不确定性"二元控制"作为分级分类原则,纵向按项目商业开发机会的大小分类,横向按项目剩余可采量的不确定性高低分级。该分类从油气资产价值评估的角度,强调商业运作条件和不确定性。

市场油气资源储量分类分级框架,首先以是否"发现"将总资源量分为已发现资源量和未发现资源量,判断是否"发现"取决于油气聚集水平。当有井钻遇聚集体,并证明存在潜在油气,则该聚集体称为"已发现聚集体"。"潜在油气"指预探井产量达到了储量起算标准或已获得油气流或钻遇了油气层或根据可靠资料预测有油气层存在,已发现聚集体值得进一步对资源量进行评估,有进一步评价勘探的价值。"发现"的手段主要包括钻井和测试。其中储量起算标准即储量计算的单井下限日产量,是进行储量计算的经济条件,各地区及海域应根据当地价格和成本等测算求得的只回收开发井投资的单井下限日产量。

其次,对于已发现资源量,按照商业开发机会进一步划分储量和潜在储量两部分。市场油气资源储量通常基于开发项目进行分类分级,开发项目一般具有相应的技术方案、进度安排、投资成本估算等;开发项目可以是一口井、一个或多个油气藏;同一开发项目所处的勘探开发阶段相同。加密井网、增压、提高采收率及其他增产措施,应作为增量项目处理。商业开发机会是开发项目达到商业性开发的概率。对可采资源量而言,是地质发现概率和开发概率的乘积;对潜在储量和储量而言,是指开发概率。

再次,可采量评估存在不确定性,通常用评估结果范围来表征。按照可采量的不确定性将储量、潜力储量分为低估值、最佳估值、高估值三个级别。低估值表示未来实际采出量等于或大于评估值的概率至少为90%,最佳估值表示未来实际采出量等于或大于评估值的概率至少为50%,高估值表示未来实际采出量等于或大于评估值的概率至少为10%。储量的低估值(1P)、最佳估值(2P)、高估值(3P)之间的增量分别定义为证实储量(P1)、概算储量(P2)、可能储量(P3)。潜在储量的低估值(1C)、最佳估值(2C)、高估值(3C)之间的增量分别定义为潜在证实储量(C1)、潜在概算储量(C2)、潜在可能储量(C3)。可采资源量(U)存在较大不确定性,整体落实程度较低,不再进一步分级。

一、市场油气储量分类分级相关定义

(1)储量(P类):一般指已完成油气藏评价,在油气藏产能建设和油气生产阶段估算的油气商业可采量。开发项目处于已完成论证待批准、已批准或正在实施过程中,开发生产不受外部政府法规、合作方及环保等因素影响,肯定能实现商业性开发。

(2)潜在储量(C类):一般指在圈闭预探及油气藏评价阶段估算的油气可采量。开发项目可行性评价为待开发、延迟开发、未明确开发、开发不可行,项目商业性开发尚存在不确定性。

(3)可采资源量(U类):一般指在区域勘探阶段,尚未获得油气流时估算的油气可采量。钻探发现和未来开发风险较高,商业性开发不明确。

(4)证实储量(P1):通过地球科学和工程数据分析,从评估基准日起,在特定的经济条件、现有技术和政府法规下,以合理的确定性估算的,从已知油气藏中可商业开采的油气数量。如果采用确定法,"合理的确定性"表明采出这些数量有很高的置信度;如果采用概率法,表明实际采出量等于或超过估算值的概率至少为90%。

(5)概算储量(P2):是1P到2P的增量,指基于地球科学和工程数据分析,开采可能性低于证实储量,但高于可能储量的额外油气数量。如果采用确定法,实际采出量大于或小于证实储量加概算储量之和(2P)的可能性相同。如果采用概率法,实际采出量等于或超过2P估值的概率应至少为50%。

(6)可能储量(P3):是2P到3P的增量,指基于地球科学和工程数据分析,开采可能性低于概算储量的额外油气数量。如果采用确定法,实际采出量超过证实储量、概算储量加可能储量之和(3P)的概率较低;如果采用概率法,实际采出量等于或超过 3P 估值的概率至少为 10%。

(7)开发与生产状态:依据项目开发方案实施情况进一步细分储量。"已开发"和"未开发"术语用于表达相关开采项目的开发状态,"正生产"和"未生产"术语则表明是否在产。已开发储量和未开发储量的界定涉及证实储量、概算储量、可能储量等三级储量。

(8)已开发储量:是预期通过现有井和已安装的设施采出,或者在未安装设施的情况下投产所需投资与新井成本相比相对较小的储量。已开发储量必须完全满足所属储量类别(证实储量、概算储量、可能储量)的要求。依据生产状况,可进一步划分为已开发正生产储量和已开发未生产储量。

(9)已开发正生产储量:是指从评估基准日开始预计从已射孔正生产的完井层段中可采出的油气数量。这些储量可能是目前正在生产的储量,或者是曾经生产、目前处于关井状态但可合理确定复产日期的储量。

(10)已开发未生产储量:是指预计从现有已完钻未投产井/层系投入较低费用可采出的油气数量,包括关井储量和管外储量。

(11)关井储量(shut-in reserves):是预计从现有井的已打开层段可采出的,但由于市场条件、管线连接或工程等原因目前未处于生产状态的储量,且启动或恢复生产所需成本与钻井成本相比相对较低。

(12)管外储量(behind-pipe reserves):是预计从现有井的层段可采出的,但在投产前需要额外的完井或重新完井作业的储量,且启动生产所需成本与钻井成本相比相对较低。

(13)已证实未开发储量(proved andeveloped reserves):从评估基准日开始预计,从未钻井区域的新钻井中或仍需投入较大费用的现有生产井中可采出的油气数量。

(14)未开发储量(undeveloped reserves):是预期能够从已知聚集体采出,但投产所需投资与新井成本相比相对较大的储量。未开发储量必须完全满足所属储量类别(证实储量、概算储量、可能储量)的要求。

二、矿业市场石油天然气储量评估要点解析

市场油气储量分类分级框架是对资源商业性的评估。其分类分级要求明确界定:①已实施或确定要实施的、从一个或者多个油气藏或聚集体中开采石油天然气的开发项目,特别是该项目的商业性概率;②未来从该开发项目中生产和销售的油气量预测值的不确定性范围。矿业市场管理强调油气开采量的不确定性以及项目商业性的不确定性,这与资源管理有较大的差异。

1. 项目的确定

矿业市场的资源评估是基于"项目"的评估,项目的确定既是资源评估的基础,也是资源分类分级中首要考虑的因素。"项目"是指具有明确起止时间点的、针对特定油气聚集体开展的一系列工程活动,需要特定的投资、成本,实现原油或天然气的生产、处理或运输,从而产生特定的产量、现金流。资源的分类基于项目的商业性,而资源的分级则基于项目估算可采量

的不确定性。因此，评估工作首先须确定项目，否则油气资源储量的分类分级无从谈起。

项目将油气聚集体与投资决策联系起来，是油气资产经营活动的基本单位。项目的最终工作对象为油气聚集体。

项目包含的具体工作内容有：钻井、措施作业、地面建设等。项目还包括进度计划、所需投资与成本预测、预期成果等。其中预期成果取决于项目未来预期可采量，而项目的投资成本及预期成果为投资组合管理及投资决策提供最基本的依据，因此项目是资产组合管理中的一个投资机会，公司管理层根据可用资金数量、某项目的投资成本以及预期成果，选择或放弃此投资机会（即推进、暂停或停止此项目）。在某些情况下，项目的实施虽然有其战略意义，但同样也需要通过投入产出财务指标进行界定。推进项目实施的决策关键在于对该项目未来可采量的预期。

在进行项目决策时，须基于对所需开发设施的评估，对未来的成本进行估算，从而确定项目投资的预期财务收益。开发设施包括油气从油气聚集体到产品销售地点所需的所有生产、加工和运输设备。针对这些设施的计划投资是财务评价的基础，对可采销售量的评估及评估结果也是财务评价的关键因素，而所有这些因素都只能建立在一个明确的开发项目基础之上。综合项目的投资、成本、可采量等估值，才能最终做出推进或放弃项目实施的决策。

项目可能涉及不同规模的油气资源，多个项目可能针对一个油气聚集体或其中一部分，一个项目也可能是对多个油气聚集体或油气田以及相关设施的综合性开发。

项目可能处于勘探开发周期的不同阶段，例如预探，详探，初期开发（一次井网、一次采油），后续开发（扩边与加密、二次采油、三次采油等）。对于一个刚获得油气发现而其他情况尚不明朗的区块，项目经济可行性的评估首先需要对可能采取的开发方案有所了解，但这种开发方案很可能只是一个在类似项目基础上的宽泛的概念性描述；而对于一个已经开发一定时间的油气田，一个综合开发方案可以清晰、详细地界定这个具有高成熟度的项目。这个方案可能包括所有计划开发井的全面详细信息及其具体位置，同时还包括地面处理设施和外输设施的技术规格，详细讨论并确定环境因素、人员配置要求、市场评估、估计的资金投入、作业成本以及场地恢复费用等。因此，一个具体项目具有一个特定的成熟水平，同时具有与之关联的可采量估值（范围）。

项目还可能会随着勘探开发工作的推进而发生变化，出现叠加或者细分。例如，对于刚获得发现的区块，如果此发现低于预期水平，可能无法配备专用的外输管道，则该项目可能被暂时搁置。当附近地区有其他发现时，这两个发现可以作为一个项目进行开发，从而使管道建设具有合理性，此后的投资决策也均是在利用共享设施，同时开发两个油气藏的前提下做出，那么联合开发方案就构成了一个项目。与之相反，最初作为一个独立项目的油气藏开发，实施过程中可能被拆分为两个或者更多独立的项目。例如，由于不确定性较高，需要先实施一个先导性项目。这样，最初一个油田开发项目变为两个相互独立的项目——先导性项目和油田剩余部分的开发项目，而后者须在前者取得成功的前提下实施。

虽然项目本身存在多样性，但是仍然可以找到项目划分的基本方法。项目划分的关键在于投资决策，如果一系列开发工作作为一个投资决策，那么基本上可以将这一系列开发工作作为一个项目，下面列举了项目的一些范例，有助于帮助理解如何确定项目。

在编制一个详细的开发方案供合作伙伴或政府管理机关审批时,方案本身就可以确定一个项目。如果该方案包括一些选择性钻井,且这些井无需其他的资金投入决策或政府的审批,则这些选择性钻井不能另列项目,而应该作为本项目潜在可采量的不确定性范围评估中的一个组成部分。

(1) 如果开发项目确定要从一个油气藏中开采石油,而该油藏中包括一个规模很大的气顶,并且气顶的开发并不是石油开发项目的组成部分,则应另行确定一个独立的天然气开发项目,即便当前没有天然气市场。

(2) 如果开发方案仅仅是基于一次采油制订的,但预计会启动二次采油工艺,但如果启动采油工艺需要在适当时机做出单独的投资决策或履行审批程序,则应将其视为两个相互独立的项目。

(3) 如果决策完全基于每口井的实施效果(成熟的陆上环境一般属于这种情况),并且没有明确的总体开发方案,或者没有现有井之外的任何投资计划,则每一口井都可以被视为一个独立的项目。

(4) 如果已经通过审批的原始开发方案中包括开发后期安装天然气增压设施的内容,则将其作为此天然气开发项目中的一个组成部分;如果增压作业并不是审批方案中的组成部分,并且该作业在技术上是可行的,但作业的实施需要经济评价和资本承诺决策和/或审批,则天然气增压设备的安装应视为一个独立的项目。

(5) 当投资决策同时涉及勘探、评价和开发活动时,可以认为该投资决策是基于一组关联项目,其中每个项目根据商业性情况归入储量或潜力储量级别中的任何一个。

基于项目的资源储量分类系统,可促进应用人员全面考虑所有技术上可行的机会划分项目,进行适当分类,构建全面的投资组合,以实现最大的采出量。"不可采量"仅限于当前在技术上不可采的部分,随着技术进步,部分不可采量可能在未来逐步被开发利用。

2. 项目商业性的确定

在资源类别的划分中,根据"发现"划分地质储量和未发现资源量,根据项目的商业性划分经济储量和潜力储量。

需要强调的是,在矿业市场,对于"发现"提出更严格要求。当有井钻遇聚集体,并证明存在一定量的潜在可采出油气,才可以称为"发现"。"一定量"指证据显示油气量具备一定规模,值得进一步评估,以及对经济开采潜力进行评价。"潜在可采"主要是指通过一定的技术手段可以采出。"发现"的手段主要包括钻井和测试。

通常情况下,对于已发现聚集体,项目估算可采量应先划为潜在储量,再开展评价工作,其中满足商业性标准的部分划为储量。对于已发现聚集体中无法利用现有技术进行开采的部分,划为不可采量。当已发现聚集体所在地附近已有基础设施,并具备充足的富余生产能力,且存在具备商业可行性的开发项目,则估算的可采量可以直接归为储量。

项目"商业性"识别与判断标准如下:①相关开发项目经济可行;②存在或预期存在可销售产量的目标市场;③拥有或预期拥有必要的生产、运输设备;④符合法律、法规、协议、环境、政府及其它社会经济因素等方面的要求;⑤已获得或合理预期获得所需的全部内外部批文;

⑥具有合理的开发实施时间表,合理时间范围视具体情况而定,一般项目投入开发的最长时限不超过 5 年(特殊情况下也允许更长的时间,例如油气公司因市场原因、为满足合同要求或达成战略目标而推迟开发项目的实施)。

一般情况下,"储量"很少被重新划分为"潜在储量",只有在发生了超出公司控制能力范围的不可预见事件的情况下,才会出现重新划分。例如预期之外的政治或法律原因造成开发活动延误,超出了合理时间范围。

3. 储量界定的基本要求

如前节所述,已发现的可采量具有商业开采价值时,可称之为商业储量。换言之,商业储量是可直接产生经济效益的资源,因此也是各种用户更关注的部分。本节将进一步阐述储量界定所需满足的各项要求,包括储量权益、钻井、测井、测试要求、项目实施条件、开发与生产时间、经济可行性等要求。

1) 储量权益要求

公司首先具有以下任一权利时,才可能具备储量权益:①矿产权益;②采矿权;③协议性矿产资源开发与生产权利。

其次,还必须满足以下条件,才具有储量权益:①有权获得全部或部分油气产量或油气销售收益份额;②承担市场和技术风险;③参与生产活动并通过生产活动获得回报的机会。

储量所有权获取方式主要包括以下几种形式:①合法获得矿产权益、采矿权或协议性矿产开发与生产权利中的一种权利,自行经营获得全部采出量,或向其他公司出租权利并以实物形式获取一定比例的未来产量;②以现金或实物形式向国家支付矿业权税(或矿业权使用费)、资源税等税费,以租赁方式获得特定区域、特定深度的油气资源开发、生产、产品销售等经营权利;③以现金或实物形式向权利所有者支付一定费用(如矿业权/区使用费、租赁费等),获得相应的经营权利;④向其他直接操作者投资(负担一定份额成本等),作为附带权益条件获取一定比例的未来产量;⑤与其他公司合作共同开展油气开发、生产等经营活动,并以实物形式获取一定比例的未来产量。

如果公司在油气开发、生产、销售等一系列活动链条中仅限于:①购买产量;②签订供应或中间人协议;③签订服务或资金协议,其中不包含风险和回报方面内容或某项矿产权益转让的条款。以上情况,公司不拥有储量权益。例如,签订产量分成合同、风险服务合同的公司可以拥有储量,而炼油化工公司、天然气管道公司、工程服务公司等一般不拥有储量。

公司只能申报权益范围内的储量,一般指合同期内的产量份额。对于合同到期后的产量不能申报储量,除非能够合理地确信合同可以延期或更新。例如有经验表明合同延期或更新不存在障碍,或者合同更新只需履行相应手续等。

2) 钻遇要求

一般而言,只能对有井钻遇的已发现聚集体划分商业储量,而对未钻遇的可能存在的油气聚集体,则不能划分商业储量。

3) 测试要求

只有当"已发现聚集体"具备经济生产能力,即油藏可商业性开发,其可采量才可归入商业储量。通常是通过测试或其他可靠技术来判断"已发现聚集体"是否含有"一定量的"潜在可采油气以及是否具有经济生产能力。由于各种手段的可靠性不同,在划分不同级别储量时,一般需要采用不同手段或其组合的结果对估算值的置信度予以佐证。

4) 项目实施条件要求

油气藏开发项目的实施必须满足国家政策、法律、法规、协议、环境及其他社会和经济等方面的要求,其估算可采量才可归入商业储量。如果不能满足这些要求,如在某些环境敏感地区,项目无法实施,则其估算可采量不能归入商业储量。

为实施开发项目,公司须获得或合理预期能够获得该项目的:①各种监管许可,对于没有明确要求许可的事宜,开发活动不能违背法律法规;②合作伙伴的各种批准;③各种内部审批并开展必要的准备工作。

如果遇到审批障碍,但稍作完善即可克服,那么仍然可归入商业储量。

5) 基础设施和市场要求

归入商业储量类别的开发项目必须具备生产设施以及将产品运输到市场所需的设施,同时具备明确的、足量的产品销售市场。

如果目前没有销售市场,则必须评估在合理时间期限内获得市场的可能性;如果目前没有基础设施,或者公司对附近的基础设施没有所有权,同样必须评估在合理时间期限内得到所需基础设施的可能性。

6) 开发与生产时间

对于未开发可采量,应归入商业储量类别,应在合理的时间期限内投入开发。合理期限一般为 5 年。超出此年限,则被认为缺乏足够的条件,原则上应该降为潜在储量。但也有例外情况,例如因战略目的而推迟开发,开发生产水平受到监管条例、协议条款、设施能力或市场容量的限制等,应详细说明原因。

对于正在生产的油气藏,在通过产量预测界定商业储量时,应该充分考虑相关因素,确定合适的预测年限。虽然通过曲线拟合、油气藏模拟或其他工程方法可以进行未来较长年限的生产预测,但是预测的不确定性和风险程度会随预测年限的加长而增加,不确定性与预测的长期可靠性、政策法规、协议、财税制度、经济因素、市场因素以及基础设施等因素的变化相关。一般建议产量的预测时间不超过 30 年。

7) 经济可行性要求

只有经济可采的可销售的油气量才可归为商业储量。

经济可行性评价基于未来经济条件,包括财税条款、产品价格、投资、成本等指标,不考虑过去的沉没成本。经济条件可以是对未来的合理预测,也可以是监管机构等要求的固定取值。采用未来预测时,可以考虑投资与成本浮动、通货膨胀或紧缩因素。任何情况下,必须说明储量评估时所用的经济条件假设。

一般而言,经济可行性的最低标准是油气产品的收入超过或预计超过投资与操作成本,产生正的未折现现金流。

对于未开发可采量,必须有足够的投资回报率,能证明投资合理时方可将其划分为商业储量而不是潜在储量。

4. 商业储量的开发生产状态

根据商业储量的开发状态可进一步将商业储量细分为"已开发"和"未开发";根据商业储量的生产状态又可将已开发储量细分为"正生产"和"未生产";对于"未生产"商业储量,根据其"未生产"原因,可进一步分为"关井"及"管外"商业储量。开发与生产状态可应用于证实储量、概算储量、可能储量储量,根据井及相关设备的投资和运行状态确定。

储量状态在下列情况下得以应用:

(1)某些证券监管规则要求将证实储量细分为"证实已开发"以及"证实未开发",追踪"证实未开发"储量的工作进展,检验油气公司对该储量的开发承诺,判断该储量是否应该核销。

(2)在进行油气储量资产或油气区块交易时,虽然通过储量评估可以得出不同状态储量的净现值,但是不同状态的储量在买家眼中可能呈现不同的价值,进而成为谈判的重要内容之一。例如油价低迷时,对于证实已开发正生产储量,可以将其净现值作为其价值,但对于其他状态的证实储量,可能在其净现值的基础上打折扣。

(3)对于油气公司内部的组合分析、投资决策和项目管理,项目商业性状态与储量状态相结合也具有重要意义。例如,对于已开展的项目和已批准但尚未开展的项目,将其储量按状态细分,同样的未开发储量在分析和决策中可能具有不同的权重。

(4)在油气公司内部财务处理中,根据会计准则以及管理层的判断,可能采用不同状态的储量作为基础。例如有的公司可能采用证实已开发储量作为资产折旧/折耗、资产减值测试的基础,而有的公司则可能采用包含未开发的证实储量作为基础。

5. 基于不确定性的商业储量分级

对商业储量的所有评估都是以未来油气藏生产动态及其他因素的假设为基础,所以储量评估总会存在一定的不确定性。储量评估的不确定性表现在储量评估无法给出一个确切的数值,而只能给出一个可能范围,这个范围称为"不确定性范围"。如果可能范围大,则表示储量评估的不确定性大,反之则表示不确定性小。以下将介绍与不确定性相关的概念、基于不确定性的储量分级以及不确定性范围的评估方法。

1)不确定性来源

在油气上游行业中,不确定性主要来自以下几个方面:①技术不确定性,包括地质不确定性(因为不能准确预测油气资源量)和工程不确定性(因为不能准确预测油气储量的采出量及采出时间);②时间不确定性(因为不能准确预测什么时间会发生什么事件或结果);③经济不确定性,包括市场不确定性(市场供需关系变化超出评估人员把握能力)和政治不确定性(包括战争、局势动荡、国有化、地方和国家税收、环境监管等问题)。

上述不确定性无法根除,导致储量评估中存在固有的不确定性。

储量评估值的不确定性范围主要受现有数据数量和质量的影响,而数据的数量和质量又在很大程度上受油气藏认识程度及开采程度的影响。通常,随着油气藏开采程度的加深,得到数据的增多,储量评估值的不确定性范围一般会缩小。

2）商业储量分级

在项目商业性分类的基础上，根据项目储量估值的不确定性范围对储量进一步分级。

储量估值的范围既可以用一组确定性离散值表示，也可用概率分布表示，在储量评估中选取低估值、最佳估值和高估值作为估值范围的代表值。

低估值是指未来实际采出量的保守估算值。未来的实际采出量超过低估值的可能性很高。如果采用概率法，那么实际采出量等于或大于低估算值的概率至少为90%（P90）。

最佳估值是指未来实际采出量的最佳估算值。未来的实际采出量大于或小于最佳估值的可能性相当。如果采用概率法，那么实际采出量等于或大于最佳估值的概率至少为50%（P50）。

高估值是指未来实际采出量的乐观估算值。未来的实际采出量不太可能大于高估值。如果采用概率法，那么实际采出量等于或大于高估值的概率至少为10%（P10）。

在这里需要进一步明确几个概念：

(1) P90、P50、P10值是累积概率分布曲线上的3个百分位值，而不是针对非累积的分布曲线，这两种分布形式经常被混淆；

(2) P90并不意味着实际采出量是估算值的概率为90%，或者采出量的误差在估算值±10%之内，而是指实际采出量等于或大于估算值的概率为90%。同样，P50是指实际采出量等于或大于估算值的概率为50%，P10指实际采出量等于或大于估算值的概率为10%。

低、最佳、高估值分别对应于商业储量的不同级别：①低估值对应证实储量（用1P表示）；②最佳估值对应证实+概算储量（用2P表示）；③高估值对应证实+概算+可能储量（用3P表示）。

三者的差值则分别称为证实储量（P1=1P）、概算储量（P2=2P-1P）、可能储量（P3=3P-2P）。

一般而言，储量估值的不确定性最好体现为一系列可能结果。如果要求给出一个唯一的、具有代表性的结果，则可以认为"最佳估值"是最具有现实意义的估值，而低估值相对保守，高估值相对乐观。

储量估算值的不确定性主要受可用数据的数量和质量的影响，这与油气藏的开采程度密切相关。图4-11反映了油气田生命周期各阶段的储量估值范围，估值范围将随着信息量的增加逐渐缩小，直至油气田的生命周期结束（终点，废弃或经济极限），终点处不存在不确定性。图4-11所反映的是理想情况下的一种定性趋势，事实上一个独立评估单元的表现特征与此趋势可能不同，例如新认识可能导致储量估算值的范围加大。另外变化趋势可能并不是一个平滑曲线，例如在上产阶段，由于产量较高，迅速明确最终可采量的一部分，1P和3P储量总估算值（产量+剩余）快速向2P储量总估算值收敛；在稳产阶段，虽然得到了很多生产数据，还不能利用递减分析法进行评估，1P和3P向2P的收敛速度可能减慢；在出现递减规律的初期，收敛速度可能加快；在递减后期，如果递减规律不变，由于产量下降，1P和3P随着产出缓慢向2P储量估算值收敛；另外，可能因为某些因素，对于一组评估单元而言，由于平均效应，整体表现应呈现这种估值范围不断缩小的趋势。

在应用本分类系统时，应首先根据项目的商业性将可采量归为商业储量或潜力储量，然

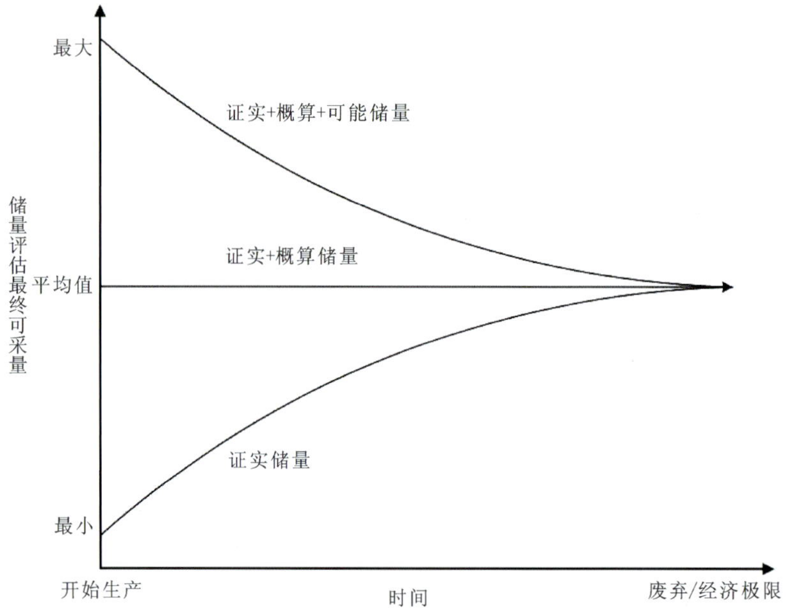

图 4-11　储量估算值与时间的变化趋势示意图

后基于具体项目可采量的不确定性将商业储量细分为 1P、2P 和 3P（或 P1、P2、P3）储量。因此，如果项目满足了商业储量的要求，则一般同时有低估值（1P）、最佳估值（2P）和高估值（3P），当然也有某些例外情况 1P 估算值可能为零。

一般来说，估值的可能范围会很宽，特别是在勘探开发前期，因此应使用低估值、最佳估值和高估值（或者一个全概率分布）来表示这个范围。不过，在某些特殊条件下，可能只会有 2P 和 3P 储量，1P 储量为零。例如海上油田，由于其初期投资较大，使用低估值对项目进行经济评价时认为项目不经济，而使用最佳估值进行评价时认为项目是经济的，这种情况下项目则只拥有 2P 储量，1P 储量记为 0。

对于非常成熟的生产项目而言，在储量估算过程中的不确定性范围可能非常之小，因此可以假设 1P、2P 和 3P 储量是相同的。只有在这种情况下，项目可以只有证实储量，而没有概算和可能储量。但不确定性范围永远都不可能为零，因此在做出此类决定时，要事前经过深思熟虑并有充分的依据。

对于潜力储量，可根据同样原则进行分类，得到 1C、2C 和 3C（C1、C2、C3）。

3）不确定性范围的评估方法

对于一个项目，有多种方法可以用来估算商业储量的可能范围，这些方法可分为确定法和概率法两类，同样适用于潜力储量。无论采用何种方法，最终目的是估算至少 3 个可以反映该项目不确定性范围的估算值，即低估值、最佳估值和高估值，分别具有高、中、低置信度。评估人员可能会在一个项目中使用多种方法，特别是复杂的开发项目。

（1）确定法。确定法是指在储量估算时为每个未知参数选取唯一值，评估人员基于专业判断进行适当的参数组合，换言之，某一参数组合代表了一种特定的情况，确定法的估算结果为单一值。

确定法的优势在于：①可以排除不可能的参数组合；②易于理解且应用效率高；③经过时间验证，估算结果可靠，可重复计算。

由于确定法对每级储量进行孤立处理，其主要劣势在于无法量化低估值、最佳估值、高估值的可能性，即不能明确指出估值中存在的不确定性。例如，由于不能确切确定孔隙度具体是 8% 和 12% 之间的什么值，所以只采用 10% 这个单一的估算值。需要注意的是，使用确定性方法评估不同级别储量时，确定法的估算值必须达到与概率法相同的置信度标准。

确定法还可细分为**场景法**和**增量法**。

场景法是基于对储量评估值固有不确定性的理念，认为储量评估值是一个范围，而不是一个确定的数值，因此通过不同的场景来反映其不确定性，所以又称为基于不确定性的评估方法。在这种方法中，评估人员设定 3 种离散的场景（各种参数的组合方式），它们分别反映可采量的低估值、最佳估值和高估值。换言之，此种方法利用 3 个场景先估算出 1P、2P、3P，然后再通过它们的差值确定 P1、P2、P3。评估值 1P、2P、3P 之间的变化反映储量评估中的不确定性程度。对于各个评估单元，只有当评估值的不确定性很小或者剩余储量很小时，才能用一个储量评估值（2P=1P=3P）表示。

每个场景都必须采用合理的参数组合，同时要保证储层物性参数（如平均孔隙度等）在一个合理范围内，而且须考虑它们之间的相互关系（例如，总岩石体积估值高，那么平均孔隙度可能相对较低）。一般情况下，如果采用参数的低估值组合来确定可采量的低估算值，估算结果更接近于绝对最小值，而一般不能代表现实情况的低值场景，因此在实际评估中一般不采用这种做法；反之亦然，一般不采用参数的高估值组合确定可采量的高估算值。

利用确定法进行储量评估时，要想保证评估结果的一致性，关键是为影响 1P、2P、3P 储量估算值的重要参数选取合适数值。

某些约束条件，例如利用烃底或者井控限定油藏范围时，会对储量估算值产生重要影响。将约束条件下的合理参数取值与其他参数最佳取值相结合进行储量估算，采用这种做法可为每级储量提供了适当的置信度。对于较为成熟的储量评估单元，尤其是完全投入开发的，储量评估值不太可能受这些约束条件的影响。即使在这种确定性较高的情况下，可采量的估算值仍然是个范围，该范围仍然可由不同级别储量的估算值反映；在清晰、明确描述已考虑的因素基础上，也可采用一个储量评估值（2P=1P=3P）表示。

利用场景法进行储量评估时，一般首先确定最佳估值（既不保守也不乐观）的所有参数取值。重点在于通过合理的判断，使该估值接近 2P 储量定义所要求的中值（P50）。然后，改变一两个重要参数，使估值满足 1P 和 3P 储量的置信度要求。例如，在油气藏范围尚未完全确定的情况下，面积和采收率通常是储量评估中关键的不确定性参数。

对于成熟的、完全投入开发的评估单元，评估最小值、最佳值和最大值或许并不困难，但在这一范围内确定合适的 1P 和 3P 储量可能比较困难，例如采用递减分析法或类比法等得出模棱两可的结果时，或者某项评估资产包括多个独立评估单元时。在这种情况下，利用下述做法一般可以得到符合各级储量定义置信度要求的结果：①确定既不乐观也不保守的最佳估算值，通常将该评估值划为 2P 储量；②确定最小值和最大值，评估人员应非常确信实际采出量不会超出最小值和最大值所涵盖的范围。由于确定法没有强制要求明确的最低概率，但一般而言,未来采出量落到最小值和最大值之间范围内的概率至少应为80%(即至少应为P90－P10之间);③某些情况下,评估人员可能在确定最佳估值之前先确定最小值和最大值。虽然确定这些值的先后顺序并不重要,但采用这种方法时,最好3个值都确定(无论是否需要申报全部类别的储量),这样有助于实现储量评估的一致性;④一般情况下,确定法得到的1P储量估算值应处于2P评估值和最小值之间的中点附近。1P储量的最终估算值与评估人员的判断、数据质量、预测值与实际历史动态的匹配程度、类比的数量与质量、评估值在资产总和中的重要性等有关。在某些情况下,例如某评估单元的不确定性高,且该评估单元在被评估资产中占主导地位,应将最小值或接近最小值的值作为1P储量。根据不确定性和现有数据的特点,可能还需要进行概率检验;⑤3P储量应处于2P储量和最大值之间的中点附近。

增量法又称为基于风险的评估方法。评估人员针对评估单元根据最佳估计为每一参数选取一个值,得到单一的储量估算值,然后根据该评估单元可采量采出的风险程度将该估算值归为某一级别储量:将低风险储量归为证实储量,中等风险储量(包括不满足证实储量标准的那部分储量)归为概算储量,高风险储量归为可能储量。用这种方法,正生产的储量评估单元通常只划分证实储量,一般只有在不满足证实储量标准的情况下才划分概算或可能储量。

这种方法广泛应用于成熟的陆上油田,特别是依据井距进行储量级别划分的地方。通常情况下,以与井点距离的远近作为风险程度的标尺,将不同距离的环状区域分为不同的评估单元:认为距离1～2个井距的区域采出风险程度低,将已钻井的井距单元内的储量划为"证实已开发储量",将可证明与"证实已开发储量"单元的产层具有连续性的相邻井距单元内的储量划为"证实未开发储量"。将更远区域内的储量划为"概算储量"及"可能储量",表示采出风险程度不断提高,置信度不断降低,如图4-12所示,不同的区域代表不同的风险程度。这些增量储量(P2、P3)是直接进行独立估算的,这一点不同于确定(场景)法中通过1P、2P、3P确定P2、P3的方法。应用增量法时,要特别注意如何界定项目,例如明确区分哪些井是计划井,哪些井是视情况调整的,并注意对所有的不确定性进行恰当的处理。

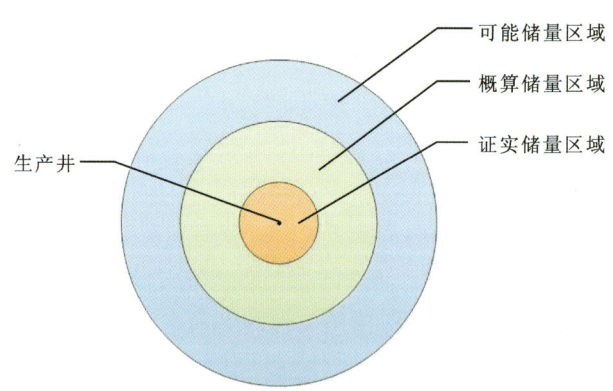

图4-12 增量法不同级别储量区域示意图

当采用增量法分别评估证实、概算、可能储量时,除上述井距原则外,还可能在其他方面应用不同标准来定性区分三级储量。例如,划分三级储量时可能分别需要不同的测试手段予以佐证。又如针对提高采收率(EOR)项目进行储量评估时,满足以下标准时可以将对应的商业储量定为证实储量：①提高采收率方法在目标或类比油气藏内已多次获得商业成功；②项目极有可能在近期实施，有明确实施计划，也可以通过项目投资承诺等证据证明；③已经获得监管部门的批准，或预计不存在监管审批障碍，例如类似项目已经获批，证明不存在监管审批障碍。

不满足证实储量要求，但符合下列标准时，可以将其定为概算储量：①项目被证明在实践和技术上合理；②提高采收率技术在类比油藏内获得商业成功；③项目的实施具有合理的确定性。

EOR项目不能孤立存在可能储量。当有证实或概算储量时，可采量高估值超出证实+概算储量的部分可定为可能储量；否则，应将其划分为潜力储量。

另外对于扩边或加密项目，如果经济条件许可，且法规允许在目标位置钻井，那么可对已知聚集体内未来钻井所增加的储量进行评估。

除满足通用标准外，为未来钻井评估商业储量还需考虑下列因素：①目标井位是否与具有证实储量或概算储量的老井或区域相邻；②在含有储量的油气藏中，产层是否存在预期的连续性；③目标井位钻井的可能性。

对于加密井项目的商业储量评估，必须定量确定井间干扰对储量的影响、提高采油速度对应的储量以及在现有开发储量基础上增加的储量。

(2)概率法。概率法以统计学原理为基础，在储量估算时描述每个未知参数的所有可能取值及其概率分布，通常应用计算机软件进行重复计算，从而得到所有可能结果及发生概率，然后从概率模型（累计概率分布曲线）中直接得到储量估算值，所得到的储量估算值对应于储量定义中的不同置信度，即累计概率分别为P90、P50和P10时的1P、2P和3P储量。与确定法相同，在确定概率模型中未知参数的范围与特征时，要求具有客观的态度、丰富的经验和准确的判断。概率法得到的结果不是唯一的，而且也不一定比确定法得到的结果更可靠。

概率法可在大面积分布且呈现地质统计规律的油气藏类型中得到更好的应用，例如页岩气、煤层气等非常规油气藏。

在应用概率法时，应注意以下两个方面。

一方面是不确定性范围与项目的储量估算值的不确定性相关。整个不确定性范围的低端是在该项目所有潜在结果中的储量最小值，高端是储量最大值。由于结果中的绝对最小值和绝对最大值都是极端情况，因此一般认为低估值和高估值能够在储量估算的过程中比较合理地代表不确定性范围。如果使用了概率法，正如定义所表述的，应选择P90和P10结果作为低估值和高估值。

另一方面是在概率法中，概率实际上对应于结果的范围，而不是对应于一个具体值。例如，P90估算值对应的情况是：实际采出量是介于P90和P0（最大）结果之间的某个值的概率约为90%，实际采出量介于P90和P100（最小）之间的概率约为10%。在确定性方法中，"可合理确定"并不意味着实际采出量等于证实储量的概率很高，而是表示实际采出量至少达到证实储量具有较高的置信度。

确定性的评估值是概率法评估结果范围中的一个离散值。不确定性范围反映出储量评估无法精确地估算出某一个项目确切的可采量，而1P、2P和3P储量估算值仅仅是用来表示这个范围的单个离散值。

在储量评估中,评估值的分布一般近似于对数正态分布,因此通常会接近于最佳估值(或者2P),而不是接近于低估值(1P)或者高估值(3P)。注意不要因为"实际可采量超过1P的概率要高于实际可采量超过2P估算值的概率",而认为实际采出量更接近1P。

在划分商业储量时,对某些参数的取值存在某些特定的限制,例如含油面积受到最低已知烃底(LKH)的限制。虽然理论上概率法要求输入参数的所有可能取值,但是实际应用中必须遵循相应的限制,确保应用概率法估算的储量值不超过合理限制条件下的确定法估算的储量值。

概率法主要包括以下两个基本步骤:采用统计形式或分布曲线描述输入参数;通过蒙特卡洛法或修正的蒙特卡洛法对输入参数进行概率模拟,得到可能结果的分布曲线。

概率模拟是一个分析过程:其各个参数以分布曲线形式输入;通过程序算法对大量数据迭代,每次迭代从每条分布曲线随机选择一个值,计算得到一个单一、离散的确定性结果,经过大量迭代后得出一系列结果,并根据这些结果绘制出一条分布曲线,由此便可得到若干统计数值,如P90、P50和P10。

使用概率模拟时,应正确地准备分布数据,特别要充分考虑参数之间及各估算值之间的相关性、参数取值范围的约束条件,否则会影响结果的使用价值。概率模型中某些储量评估参数存在特定限制,例如容积法评估证实储量受最低已知烃底限制。多数国际通用准则和指南也接受这些限制。但是,在概率模拟中引入这些限制可能排除了某些可能取值,这与概率法的常规做法相矛盾,因为概率法通常要求输入参数的全部可能范围。例如,如果用最低已知烃底限定油气层,那么就排除了油气层的底界位于最低已知烃底之下的可能性。

当存在某些约束条件时,为满足这些约束条件,在概率法评估中可采用以下两种做法。

第一种为限制概率模型的输入参数。这种方法限制概率模型的输入参数值,去掉不满足商业储量划分标准的值。这些约束条件通常存在于证实储量要求中,因此该方法常用于证实储量评估。通常不应先使用这种方法,因为约束条件已经使模型的结果趋于保守,受限制模型的P90值可能会过于保守。根据约束条件对所估算储量的影响程度,证实储量值应介于限制性概率模型的P90值与均值之间。

第二种为利用确定法检查。在这种方法中,应用概率分析的常规做法建立整个资产(或油气田)的概率模型,允许在模型中输入不受约束的全部有效可能值。然后用包含全部合理约束条件(如最低已知烃底)的确定法得到的评估值检验资产的总储量(即1P=P90,2P=P50,3P=P10)。利用概率法得到的总储量估算值不能超过利用确定法得到的总储量估算值。

另外一种情景法和概率法相结合的方法称为多情景法。在多情景法中,评估人员设定大量离散的确定性场景,并为每个可能输入值赋予概率,例如考虑三种可能的深度转换模型,根据用户对于每个模型的相对可能性进行评估,为每种模型赋予一个概率。每个场景(一系列输入参数的组合)可产生一个确定性输出结果,结合决策路径上每个输入参数的概率值得出输出结果的概率。如果有足够多的场景,就有可能得到一个全概率分布,从中就可以选出三个特定的确定性场景,例如距P90、P50和P10最近的地方。

上述介绍了确定法和概率法,虽然这两种方法都是储量评估中的有效方法,但是,实践中更多采用确定法进行储量评估,其中的增量法规则更明确,更容易把握和理解。

确定法与概率法并不是互相割裂的,确定法估算的储量值是概率法估算的储量范围中的一个数值。

通常只有在用概率法进行估算时,才能产生与储量估算范围值对应的概率值。大多数储量评估采用确定法,而确定法不会得出这样的定量概率值。但是,无论使用概率法还是确定法,在同样受到数据限制且没有偏差的情况下,二者得到的储量估算值相差不应太大。

4)储量合并的置信度变化

将若干单个评估单元的储量估算值合并,可得到总储量的估算值,这个合并值的置信度可能不同于单个评估单元估算值的置信度。

合并可以通过算术法或概率法实现。在绝大多数情况下,储量评估人员会采用算术法。在使用算术法合并时,将各评估单元的同类储量相加得到相应类别储量合并值:

(1)对于 2P 储量,可认为合并后置信度近似不变,即合并值的置信度基本可以满足 2P 储量置信度要求,可作为总 2P 储量的等价物。对于对称分布的一组数据,平均值等于中值,因而具有 50% 概率的置信度,合并值完全等同与总 2P 储量。

(2)对于 1P 储量,合并值的置信度将高于 90%。

(3)对于 3P 储量,合并值的置信度将低于 10%。

第五章　矿业市场油气储量评估程序与报告

第一节　储量评估程序及内容

储量评估包括储量数量的评估与储量价值的估算。储量价值的估算,一般是用贴现现金流法在储量数量估算的基础上进行的货币价值估算。主要步骤包括:①收集基础资料;②估算储量;③预测产量;④预测产品价格,计算年度总收入;⑤选定适用的所有权权益;⑥确定未来投资与操作成本;⑦计算国家和地方各种税、费;⑧收入减去成本求得净现金流,净现金流分为税前现金流、税后现金流。

一、评估基础资料

储量评估需要的基础资料主要包括五大类。

1. 地质资料

地质资料包括含油气面积构造图、砂体/储层平面分布图、油藏剖面图、各种等值线图(砂体等厚图、有效厚度等值线图等)。

2. 地球物理资料

(1)地震资料:构造图、剖面图、振幅/属性图、断层图。
(2)测井资料:电阻率、孔隙度、成像测井、地层电缆测井等,包括原始数据和解释成果,例如典型井测井解释综合图。
(3)取心资料:井壁取心和传统取心及分析化验资料。

3. 油藏工程资料

(1)油(气)藏参数表。
(2)PVT资料和流体样品资料。
(3)测试资料:试油、试采、地层测试、中途测试等。
(4)压力资料:包括静态压力(如井底压力、流体注入诊断测试)和流动压力(如井口流动压力和井底流动压力)。
(5)措施资料:如修井、压裂、补孔等。
(6)生产和开发方式:注水、注天然气、注蒸汽、注氮等。

(7)生产历史数据：投产以来的月产油、月产水、月产气等数据。
(8)老区调整方案：包括构造井位图(标明新钻加密井)、钻井计划等内容。
(9)新区开发方案：包括井位部署图、井网密度、开采方式、钻井计划、平均单井初始产量、递减率预测等内容。

4. 经济资料

经济资料主要包括油(气)藏开发投资、操作成本(固定成本、可变成本)、油气销售价格及相关税费参数等。

5. 所有权及其他经营资料

(1)关于勘查或采矿权等所有权的特许权、合同、租约，包括所有权期限和工区位置、面积、权益划分、承担的义务工作量(主要指海外区块租赁、产量分成合同等)等内容，对于近期快到期的区块要特别说明。
(2)销售协议。
(3)租赁协议，含设备租赁。
(4)设备设施所有权。
(5)环境、安全等评估报告。
(6)项目实施的内外部审批文件。
(7)其他资料。

二、储量估算

油气行业具有非常成熟的储量估算方法，本节简单介绍相关定义及估算方法。

1. 相关定义

1)产品分类
储量评估关注的是产出物的商品属性，所以评估对象应明确其产品分类，须依据产品的物理性质以及与其他产品的关联关系分别估算储量。产品分类主要有原油、天然气、副产品(如天然气液)、非烃产品(如硫、二氧化碳)。

2)参照点
储量评估关注的是作为商品销售的产品数量，所以需要明确产品数量计量的位置，即通常所说的参照点。参照点通常是向第三方销售的地点或向本企业的下游作业移交监管权的地点，例如井口、作业者油罐区下游的输油监测点、天然气下游处理装置与主输气管线交会处等。

3)商品量
商品量是指经过指定的参照点，按照指定规格要求计量的原油、天然气、副产品的数量。储量必须以商品量为基础评估。
计量要求主要根据参照点的适用标准，对于合同中明确产品规格的情况，按照合同要求执行。

根据《油气矿产资源储量分类》(GB/T 19492—2020)，石油天然气的标准计量条件为温度 20℃，绝对压力 0.101MPa。

商品量是井口原始产量与非商品量的差值。非商品量包括在处理过程作为燃料、火炬或其他损耗量，以及为满足产品交付要求而必须从原始产品中去除的量。注意商品量中应该排除处理过程中添加的、非井口原始产品衍生物的数量。

对于天然气，井口直接产出的混合气须经过必要的处理以满足下游利用或销售要求，例如去除非烃类杂质(氮气、二氧化碳、硫化氢等)、将杂质含量控制在一定比例范围。天然气也可能在产品处理过程作为动力燃料，或由于没有管输设施以火炬消耗掉，这些部分都作为非商品量。

储量估算中要注意上述概念的把握。

2. 储量估算方法

常用储量估算方法包括类比法、容积法、物质平衡法、递减分析法、水驱曲线法、数值模拟法。不同方法适用于油气藏开发的不同阶段，一般而言，类比法、容积法适用于勘探和开发初期，物质平衡法、递减分析法、水驱曲线法、数值模拟法适用于开发中后期。

评估人员应综合考虑油气藏类型、开发阶段、可用资料等因素，合理选择一种方法或多种方法的组合，以提高估算值的可靠程度。无论采用何种方法，所得到的储量估算值均须满足相应的确定性(概率标准)要求。

1) 类比法

在可用资料较少、无法有效支撑其他估算方法，或验证其他方法的估算值时，可选用类比法。

使用类比法时，必须保证类比油气藏的可比性，即类比油气藏与目标油气藏须具有类似的特征，且整体上不优于目标油气藏。类比油气藏应满足下列条件：①位于相同地层；②具有相同的沉积环境；③具有类似的地质构造；④具有同样的驱动机理；⑤具有类似的储层物性；⑥具有类似的流体性质。

类比法可作为独立方法应用，例如井眼数据不可用或不足以使用容积法进行可靠的资源储量估算，压力数据不足以使用物质平衡法进行可靠的资源储量估算，产量未呈现递减规律等。

类比法也可作为其他方法的辅助方法，为参数取值提供参考，例如采收率、初始产量、生产动态特征等。

2) 容积法

容积法可单独用于评估地质储量，或用于核查由物质平衡法、类比法或递减分析法估算的油气储量。

容积法使用由地球物理、地质、岩石物性和油藏工程数据分析而得出的储层参数估算油气地质储量，进而估算油、气及其副产品的可采量。

地质储量(体积)受所用数据的类型(地震、测井等)、数量和质量不确定性的影响。采收率一般根据类比油气藏、经验公式或行业经验评估而得，其中经验公式通常考虑黏度、渗透率、储层厚度和驱动机理等。只有通过获取更多或质量更高的储层数据和生产数据,才可减少容积法评估中所固有的不确定性。

容积法的重要未知参数是岩石体积、流体界面高度、有效孔隙度、流体饱和度及采收率等。

(1)岩石体积:既可以简单地由单井泄油面积与井点的储层净厚度的乘积得到,也可以用较为复杂的地质绘图方法确定。计算岩石体积必须考虑地质特征、储层流体性质以及一口或多口井的泄油面积。此外还必须考虑地质资料、地球物理资料或解释结果以及测试数据显示的压力下降或边界限制等因素的影响。

(2)流体界面高度:如果没有通过钻井明确确定流体界面的数据,那么应该利用测井、岩心分析、地层测试所确定的已知烃底(lowest known hydrocarbons,LKH)、已知油顶(highest known oil,HKO)、已知水顶(highest known water,HKW)等构造高度来合理限制容积法计算储量的构造区间,除非地球科学、工程或生产数据和可靠技术确立了更低的 LKH、更高的 HKO 或更低的 HKW。

(3)有效孔隙度、流体饱和度:通过测井及岩心分析数据和试井数据确定。

(4)采收率:根据目标油气藏的生产动态分析,通过与其他正生产油气藏进行类比和/或通过工程分析确定。计算采收率时,须考虑岩石和流体性质、地质储量、钻井密度、操作条件的未来变化、开采机理以及经济因素的影响。

3)物质平衡法

物质平衡法通过分析油藏流体开采过程中的压力变化特征估算储量。利用物质平衡法估算的储量值通常比容积法估算值更可靠。当具有足够的生产和压力数据时便可以根据物质平衡计算确定储量。为可靠地应用物质平衡法,评估人员需了解岩石和流体性质、水体特征以及准确的平均地层压力。复杂情况下,例如水侵、多相流、多层或低渗,仅用物质平衡法可能会得到错误结果,应与其他方法的估算结果相互印证。

物质平衡法最常见的使用方法是,用视地层压力(P/Z)与累计产气量关系图确定天然气地质储量。使用物质平衡法评估采收率和储量时,同样必须考虑使用容积法时应考虑的因素。

物质平衡法可以采用人工分析方式,也可采用油藏数值模拟,通过改变油藏特性来拟合平均油藏压力和产液动态。

4)递减分析法

递减分析法(decline curve analysis,DCA)是基于历史生产数据预测油气井未来生产动态的一种方法,一般是指产量递减法。产量递减法是指对储层流体开采过程中呈现递减趋势的产量进行分析,通过将产量递减趋势外推到某一经济极限来确定储量的方法。

任何储层类型和驱动类型的油气田,当其开发已进入递减阶段,拥有一定数量的产量递减数据并呈现清晰稳定的递减趋势之后,均可用递减法预测已动用油气藏未来的产量。若使用正确,对于具有足够生产历史的单元,递减分析是该单元储量评估的最可靠方法之一。

在评估储量时,须考虑储集岩和流体性质、不稳定流与稳定流、(过去及未来的)作业条件变化以及开发机理等产量递减特征影响因素,否则会产生极大的储量评估误差。确定递减关系时应合理考虑全部现有数据。

产量递减法包括以下两种：

（1）曲线拟合法。对某一历史生产数据进行曲线数值拟合，假定未来的产量递减遵循此数值关系，依此趋势外推进行储量评估。递减曲线类型主要包括调和、双曲、指数。当提到递减分析时，一般是指曲线拟合法。

（2）图版匹配法。用无因次变量进行生产数据转换并绘制曲线，并将曲线与经验图版叠合匹配，确定递减类型及递减率，然后在原曲线上外推递减趋势进行储量评估。

5）水驱曲线法

水驱曲线法是天然水驱和人工注水开发油田所特有的方法。利用有关水驱曲线法，不但可以预测水驱油田的有关开发指标，而且可以预测当油田的含水率或水油比达到经济极限条件时的可采量和采收率，进而能对水驱油田的储量和原地资源量作出有效预测与判断。

6）数值模拟法

数值模拟法是根据资料的数量和质量，建立油藏的静态地质模型、动态流动模型，并通过计算机软件，确定容积法各项参数以及油气藏开发动态的一种方法。

数值模拟法是目前常用的预测方法，但在应用中要注意到预测模型的局限性。岩石性质、储层几何形状以及流体性质等输入参数对模型的准确性非常关键。即使历史产油、产水、压力等得到很好的拟合，如果储层物性及流体性质存在偏差，仍有可能在未来的预测中得出错误的结果。

另外，由于评估单元的不确定性受到自身多方面因素及周边环境影响，因此在数值模拟应用方面，应注重模型的整体性，而不是单一因素的精细描述；同时应注重建立大型整合模型，而不是过分追求单一油藏模型的精细化。

3. 报告储量

报告储量是指应用储量评估结果时出现在储量评估报告中的储量（数值），例如用于资源管理机构登记、证券报告、区块交易、融资的储量报告。储量评估一般是以单个储层或储层的一部分为单位开展的，而报告储量一般需要多口单井、多个油气藏和/或油气资产（油气田）的储量评估值进行累计求和，这种累计求和过程称为"合并"。根据不同目的，储量可在油气井、油气藏、油气田（或油气资产）、公司或国家层级上进行合并。

三、产量预测

产量预测以单井初始产能、法规控制和合同约束为基础，通常以容积法估算值作为采出量上限。

产量预测受以下因素影响：①储集岩与流体性质；②油藏衰竭机制或能量来源；③油气藏开发阶段；④采出程度；⑤基于法规限制与控制所制订的生产策略；⑥相关法规、市场形势以及生产设施配套能力。

针对溶解气、天然气液、天然硫等副产品,产量预测应当依据当前采收率,同时参考油气藏生产动态来预测未来采收率变化情况。地层水、酸气等非可售产品的产出会增加开采成本,须根据当前生产趋势以及类比油气藏生产趋势和采出情况进行合理预测。

(一)石油

石油产量预测中要注意 4 个概念,单井生产能力、油藏最大有效产量、法规限制产量和递减规律预测产量。在预测中工作人员要充分考虑这 4 个方面的约束与限制,确定合理的预测产量。

1. 单井生产能力

油井通常都存在着物理意义上的极限产率。利用达西方程可以确定油藏变量与流体流量控制因素之间的关系,计算油井的生产能力。单井生产能力的影响因素包括:①产层有效厚度与泄油面积;②储集体的流动特征;③原油组分与黏度;④储层与井筒间的流动压差。

2. 油藏最大有效产量

对油藏开发而言,在确定的开发方式和开发政策下存在一个最大采出程度的最佳峰值产量,称为油藏最大有效产量。

最大有效产量与下列因素有关:①开发方式;②储集体与流体系统物性;③油藏结构,包括油藏几何形态及流体界面等。

确定最佳产量时,需注意以下几个问题。

(1)采出速度过高会造成压力快速衰减,溶解气逃逸,驱替液侵入不均,原油绕流。

(2)目前尚无证据表明均质溶解气驱油藏的累计采收率对采出速度敏感。因此,除非溶解气驱油藏内有条件发生相分离作用,否则油藏不具最大有效产量。

(3)气顶驱油藏采收率对采出速度极为敏感。要维持稳定的气液界面,充分发挥重力效应,必须要严格控制采出速度。

(4)水驱油藏中,净水侵量必须与流体产量大致相当,才能实现最大驱替效率;因此,必须严格控制采出速度,使其符合含水层在压力保持方面发挥的作用。

3. 法规限定产量

原油生产同时可能受到政府管理部门、监管机构相关法规的约束,主要目的在于:①减少浪费;②提高采收率;③确保生产商与所有者之间利益均衡;④促进资源的集约、节约和有效利用。

法规中可能规定特定地区、一定油藏面积上的最大单井产量,同时给出超出规定产量的相应罚则。

4. 递减规律预测产量

油井或油藏的实际产量(低于允许产量)形成稳定的递减趋势后,如果在当前操作条件下油井生产状态已稳定,可利用产量递减规律预测未来产量。

若油井或油藏未见产量递减,则依据容积法估算值设定采出量上限,按油藏类型选取相应的典型递减曲线,在当前产量的基础上,预测未来产量。

(二)天然气

天然气产量预测受到生产方式的影响,生产方式主要分为两种:①井数一定,产能递减;②产能一定,通过部署新井及压缩设施维持。

当实际条件或经济条件不允许部署新井时,后者将转变为前者。

两种生产方式均须:①确定不同生产条件下的气井产能;②了解天然气销售合同中的限定性要求;③评估监管控制的影响。

1. 气井产能

气井产能可通过气井测试确定。通过计量不同流速时的井口关井压力和流动压力,建立井口产能曲线。利用流压与流速的相对关系估算不同井口流压下的气井流速。

对于定容气藏,储量估算完成并通过试井得到井口产能后,则可依据累计产量和压力衰减,预测气井的年产能(针对具有一定井数的气藏)或气井井数(针对要求达到一定合同交付率的气藏)。在预测时需估算气藏的地质储量,并依据累计产量调整预测开采速率以适应储层压力衰减。

2. 购气合同

购气合同一般会规定合同期限、交付气品质要求、交付总气量、交付速度等。合同规定的交付气品质要求包括:①最低热能含量(烃类物质含量);②烃露点;③单位体积含水汽量;④最高硫化氢含量、总硫量;⑤最高二氧化碳含量;⑥最高交付温度;⑦最大交付压力;⑧标准计量条件;⑨气量计量与计算方法。

合同中还会规定总交气量、交付速度(平均日交气量、最大/最小日交气量、承诺最小交气量/接气量)等。

3. 法规控制

与原油生产类似,为防止过度追求高产导致储层伤害(降低油藏最终采收量)或气井偏离靶点(导致储量不公平开采),监管机构可能会出台法规,规定气井的最大产量。

4. 现场开发限制

气井产气能力、管道输送能力和设施处理能力会约束气藏的总产能。只有以可采储量和天然气价格为依据,才能保证气井产能与设施能力配置最具经济性。

另外需要特别注意,基于气井产能的预测是针对井口混合气产量,但多数销售合同中规定的是符合交付条件的管道气。在预测气井产量及销售量时,必须考虑凝析液采出、非烃杂质去除、火炬损失及燃料气消耗导致的气量损失。

5. 递减趋势

当井口压力不稳定时,若通过递减曲线预测天然气产量,工作人员必须谨慎处理。对于井口压力长期稳定在较低水平的低产井,利用递减曲线估算储量、预测未来产量的置信度较高,结果是可以接受的。

(三)副产品

1. 溶解气

石油生产基本都会伴随溶解气。当溶解气产量达到一定规模后,监管机构可能会出台相关的法规加以控制,避免溶解气过度开采。

溶解气产量计算通常采用气油比(m^3/t),但气油比并非一成不变,随着油藏的开采,有可能逐渐升高。因此,在预测溶解气产量时,须充分考虑气油比的可能变化。

生产早期,可以通过储层流体分析或参考类比油藏得到溶解气油比。

2. 天然气液与硫

很多情况下,溶解气或非伴生气中含有足量的乙烷、丙烷、丁烷、戊烷及以上烃,可经济地分离提取天然气液。

液气比(t/m^3)是天然气液开采量的预测基础。液气比可来自井口产量记录,也可从天然气处理装置测定。为保证液气比的准确性与一致性,要求严格验证数据来源及计算过程。通常利用井口混合气量预测天然气产量,液气比可参照井口混合气量或天然气销售量。

液气比如果发生了变化,可以通过对储层动态、井动态及处理装置性能开展工程研究,可得到预测液气比变化所需的相关信息。

混合气中高于接气方最大允许含硫量的硫磺必须予以去除,预测投资与操作成本时,必须包含处理设施投资及操作成本。

(四)地层水

油气生产过程通常伴随地层水的产出。地层水产量范围较大:当产量很小时,它不会影响油气生产的经济性;当产量很大时,则会使油气生产不再经济。预测地层水产量对于预测处理成本非常重要。通常以含水率(%)、含油率(%)、水油比(t/t)和水气比(t/m^3)表示地层水产量。在有活跃含水层的油气藏中,随着油气藏逐渐衰竭,生产层段可能出现底水侵入或锥进,此时地层水产量可能会激增。

(五)经济极限产量

经济极限产量是指收益(扣除矿区使用费后)与操作成本相当时的最低产量。利用经济极限产量截断产量预测,确定经济年限。经济年限内的产量作为储量,参与现金流计算。对未来生产条件的预测必须切合实际,任何偏差都会对经济年限造成影响。

四、产品价格

油气资产价值的另一个决定因素是产品价格。石油与天然气价格由全球及区域供求关系决定。此外,世界经济对化石能源的依赖性为石油与天然气定价增加了政治因素,进一步影响油气行业的经济条件。

(一)石油

现代航运业为石油运输提供了便利,形成全球化原油市场,因此任何地区的原油价格都由世界范围内的供求关系决定。

国际原油市场定价,都以世界各主要产油区的标准油为基准。其中最有影响力的是三大原油基准价,包括纽约原油期货交易所的WTI(west Texas intermediate,美国西得克萨斯出产的中质原油)原油期货;伦敦国际石油交易所(International Petroleum Exchange,IPE)推出布伦特[北海布伦特(Brent)原油]原油期货;阿联酋的轻质高硫"迪拜(Dubai)"原油,即欧佩克(OPEC)油价。上述原油价格彼此之间的价格差受运输成本、品质差异、现行汇率影响,但基本变化趋势相同。只要当地原油供应未超过炼化的市场需求,当地原油价格变化一般遵循世界市场的原油价格变化规律。

由于各地出产的原油品质上有较大差别,所以除了三大原油基准价以外,还有一些稍小一些的石油产地的原油价格。例如,阿曼、米纳斯、塔皮斯原油价格等,中国出产原油多与这些基准价挂钩。

(1)阿曼原油(Oman)。产地阿曼,品质与迪拜原油接近,由阿曼石油矿产部公布原油价格指数。

(2)米纳斯原油(Minas)。阿联酋含硫原油,从中东产油国生产或从中东销往亚洲的原油都是以它为作价机制。

(3)塔皮斯原油(Tapis)。马来西亚原油,是东南亚有代表性的原油。它是在东南亚代表轻质原油价格的典型原油,东南亚的轻质原油大部分以它为基准油作价。其主要交易方式是与其他标准油的价差交易。

评估人员可根据部分原油的历史价格,预测未来油价。油价预测的对象既可以是轻质油,也可以是中质油和重质油。这些预测油价将成为某一地区和油品的专属基准价,但并不适用于所有轻质油、中质油和重质油的通用价格。

在基准价的基础上,须确定适用于基准价的调价幅度,以反映不同产地及油品的差异。计算实际原油价格所需的历史产量信息以及收益情况记录于公司营业报表中,因此依据营业报表可以确定调价幅度。对比原油基准价历史记录与原油实际价格可得到调价幅度,再利用调价幅度预测未来油价。

(二)天然气

与石油不同,天然气因运输与存储的特殊性,其价格更多地受区域供需关系、竞争关系的影响。天然气基准价不同于评估时采用的天然气价格。评估所用价格必须是针对某个特定产地的天然气价格,这种价格取决于:①天然气的销售市场;②区域价格监管要求;③交付点到市场的运输成本;④生产商缴付的营销费用;⑤天然气热值。

我国目前还未形成市场化的区域天然气价格指数,天然气价格是以政府指导价为基准,根据市场供需小幅调整形成的。

对于在我国境外销售的天然气,评估时应参照当地基准价预测天然气价格。例如在北美,美国纽约商品交易所公布的路易斯安那州亨利中心天然气价格、加拿大阿尔伯塔省苏菲尔德(Suffield)的AECO(Alberta Energy Company)价格、加拿大不列颠哥伦比亚省与美国华盛顿州边界的苏马斯(Sumas)价格为当地市场天然气基准价。

为确定调价幅度,需要将历史价格信息与历史基准价进行对比,前者可从公司营业报表中得到。

(三)天然气液(丙烷、丁烷及戊烷以上)

由于天然气液产品与原油炼制品呈竞争关系,其价格或多或少会受原油价格的影响。天然气液价格原则上采用市场平均价。

(四)硫磺及其他产品

目前,硫磺没有明确的价格基准。随着世界范围内天然气的大规模开发,大量硫产品投入市场,日益激烈的市场竞争决定硫磺价格,硫磺价格原则上采用市场平均价。二氧化碳等其他产品定价方式与硫磺类同。

(五)其他影响价格确定的因素

除上述评估价格确定方法外,价格还有可能因下述情况被强制确定。
(1)监管机构要求上市公司油气储量评估采用固定价格,即采用标准方法确定价格,并在计算未来收入时保持不变。
(2)存在针对特种油气藏的特定国家或地方指导价或适用价。
(3)油气资产交易双方约定价格。
(4)生产商参与某种交易(例如期货)或金融计划,而交易或金融计划协议中规定了产品的未来价格。

在上述情况下,评估时应采用相应的价格作为未来价格(即预测价格)。

五、权益

石油或天然气资产评估需要充分了解各方权益以及相关负担义务。以下介绍储量相关权益,包括工作权益和矿业权权益。

1. 工作权益

工作权益是指在合法获得矿区所有权或使用权的基础上,通过参与油气生产活动,并分担包括矿区使用费及所得税在内的所有生产、投资和操作成本而获得的权益,以分数或百分比表示。所有者通常为油气生产公司及个人。若工作权益所有者不具备采矿权,则需向采矿权所有者支付矿区使用费。

工作权益可能会在支付某些投资时或在某一特定时间发生变化。工作权益也可以是净附带权益,只有在根据协议支付某些投资后生效。

净利润权益也是工作权益的一种表现形式,专门针对生产收入(并非产量),通常于支付后生效,净利润权益的收益可以换算为当量储量。由于净利润权益通常被视为产量收益中的权益,而非产量中的权益,因此一般并不认定为储量。但国际上各地监管要求不同,是否可认定为储量需遵照具体监管要求。

与上述权益对应储量如下:

(1)工作权益储量。根据矿业权租赁协议、产量分成合同或风险服务合同等,公司直接参与油气生产活动,在扣除他方拥有的矿业权税(或矿业权使用费)前,按照工作权益比例分成所享有的储量份额。

(2)工作权益净储量。扣除他方拥有的矿业权税(费)的工作权益储量。

(3)附带权益储量。在共同拥有工作权益的区块中,权益转入方同意支付权益转出方需支付的投产前部分或全部成本费用,由此获得的权益转出方的部分工作权益储量。

(4)净利润权益储量。指通过如收入分成等协议,分得的与货币生产收入相当的储量。

目前在中国,油气矿产资源全部为国有,工作权益一般以勘查、采矿权的形式赋予。

2. 矿业权权益

矿业权权益指矿权所有者将矿区使用权出租/出让给操作者,而享有操作者产量的分成,支付依据为井口总产量,矿业权所有者不负担油气生产活动中的资金和操作成本。矿业权益的支付形式可分为货币和实物两种(取决于租约规定)。根据租约规定,可从井口总产量减去运输和处理费用后作为计算基础。

矿业权权益储量定义为:所有者因出租矿业权(矿区使用权,或其他开发与生产权利)而享有的承租方储量的约定净份额,必须只包括从不相关的工作权益所有者获得的矿业权储量。

目前在中国,土地及矿产资源全部为国有,油气公司对中国的矿产资源一般没有矿业权权益,而国家尚未从国有油气公司明确收取矿业权权益。

3. 储量权益的所有者

储量权益的所有者包括工作权益所有者和矿业权权益所有者,不同储量权益涉及的术语定义如下。

(1)资产总储量:某一油气资产可开采的储量总和。

(2)公司(权益)净储量:公司对某资产实际享有的储量。它分为3种情况:公司只拥有工作权益,则应为净工作权益储量;公司只拥有矿业权权益,则应为矿业权权益储量;公司同时拥有矿业权权益和部分工作权益,则为净工作权益储量与矿业权权益储量之和。

4.补贴

根据国家、地方政府的能源政策导向,政府可能在某些产品的生产和销售环节给予补贴,在储量评估过程中要注意补贴政策对成本、收入等的影响。

六、投资与操作成本

未来的投资和操作成本的合理预测对未来现金流的预测至关重要。操作成本的估算值是确定资产经济年限的关键因素,而投资将直接影响未来开发的经济可行性以及最终的储量分类和价值估算。

储量评估主要使用预测的价格和成本,投资和操作成本必须是预计支出之日的预测值。

在预测投资和操作成本时,储量评估人员应检查操作成本报表以及以往投资成本记录,以保证所使用的成本数据是精确并具有代表性的。如果储量评估人员没有尽到这种责任,或者没有对公司的数据进行详细检查和分析,那么必须要对这种情况进行完全披露。

另外需要注意,评估必须基于现有油气资产,不包括可能利用收益进一步勘探、开发或收购而得到的新储量,因此现金流中不能包括此类"新储量"的勘探、开发、收购的投资及操作成本。

1.投资

油气资产开发与运营的投资主要包括以下几个方面。

(1)土地征用。物探、钻井、地面设施、配套设施等用地征用费用,包括土地补偿款、青苗补偿费、附着物补偿费、安置补助费等。

(2)勘探。评估基准日之前发生的勘探投资按沉没处理,预计未来发生的勘探投资参与现金流计算。

(3)钻井和完井。包括油井、气井、服务井(注水井、注气井等)等投资,具体包括临时工程费、钻前准备工程费、钻井工程费、录井测试作业费、固井工程费、施工管理费和试油工作费等。

(4)井口和地面设施。包括注水(汽/气)工程、储运工程、供电工程、供热工程、供排水、通信、道路、计算机工程、后勤辅助、矿区建设、环保、消防、安全、节能、非安装设备购置及其他投资。

(5)油气管线和集输系统。包括穿跨越等基础建设、管道本体、管道保护、动力设施、监控网络、安全防护等投资。

(6)原油和天然气处理设施。包括脱水、脱硫、轻烃回收等设施投资。

(7)井、管道、处理设施废弃和回收。

投资信息来源包括:①以前项目的投资记录;②承包商和服务公司直接报价;③费用核定单;④公司预算;⑤基于近期项目数据综合分析而得的成本关联关系。

另外的信息来源为根据作业者经验得到的估算值。进行油气储量资产评估时,必须从作业者获得最准确的投资信息和估算值。评估人员可对投资估算进行仔细审查,以保证预测支出的合理性和代表性,也可由作业者保证投资信息的合理性和代表性。在判断合理性和代表性时,应注意不同作业者由于公司战略、作业理念、技术水平以及对资产的熟悉程度不同,对相似资产的开发投资也会不同。

2. 操作成本

操作成本通常只包括与相关油气资产中生产作业和维修维护有关的直接成本,包括人员费用,作业、修理和维护费用,物料损耗,财产保险,矿区生产管理费用等,但不包括与总部费用有关的管理成本。直接操作成本的大类可分为:①井和矿区的运行与维护成本;②地面设施和集输系统的运行与维护成本;③油气处理设施运行与处理成本;④提高采收率设施的运行和维护成本;⑤水处理成本;⑥一线监督和现场办公管理成本。

操作成本的资料必须从公司获得,主要来源为作业者月度收入和支出记录。操作成本必须明确区分固定成本和可变成本,因为固定成本与可变成本的比例对产量和最终可采储量的经济极限具有重大影响。

固定成本(元/井/月或元/年)指与井产量或者处理设施的处理量无关的成本,包括生产人员工资,职工福利费,井、设备、车辆的运行、维护与维修费,一线监督管理费,财务费用(非操作成本),管理费用(可以直接劈分到单井或矿区上的管理费用,不含矿产资源补偿费),其他直接费用等。

可变成本(元/t 或元/m³)是井产量和处理设施处理量的函数,包括材料费、燃料费、动力费、驱油物注入费、井下作业费、测井试井费、维护及修理费、稠油热采费、轻烃回收费、油气处理费、污水处理费、运输费、管理费用中矿产资源补偿费等。

除了汽车运输、水处理和原油处理成本之外,与石油资产运营有关的成本几乎都是固定成本。对于天然气生产,天然气的物理性质不同,固定成本与可变成本的比例也不同。在无硫干气生产中,大部分操作成本都是固定的;而在含硫湿气生产中,由于需要较大的处理设施,固定成本与可变成本的比例会接近相等。对于原油、天然气资产较为均衡的公司来说,其操作成本中固定成本与可变成本的比例预计可达到 7:3。

评估人员应分析操作费用历史数据,明确固定成本与可变成本的比例。在现金流预测的前段,固定成本与可变成本比例的重要性较低;随着产量逐渐下降,比例的重要性也越来越高。如果所有成本均为固定成本,经济极限产量会过高;相反,如果所有成本均为可变成本,经济极限产量会过低。因此,在计算产量和储量的经济极限(特别是具有较低边际操作成本的产量和储量)时,需要合理分配固定成本与可变成本的比例。

当预测操作成本未来可能降低时,评估人员须详细记录该预测的假定,并验证这些预测发生的合理确定性。对于多井的大型油气田,当关井并弃井时,操作成本预计会降低。在具有许多基础设施和众多不同作业者的地区,随着产量的降低,可能整合基础设施、共同利用,这样可以有效放慢单位可变成本的浮动趋势。注意,某些监管要求可能不允许在储量评估中降低未来操作成本(即未来成本的预测值低于现有成本)。

3. 浮动率预测

在预测投资和操作成本时,未来浮动率是一个重要影响因素。浮动率可以基于通货膨胀率或紧缩率、融资利率、历史成本变化规律等综合确定。不同投资和操作成本的浮动率会有所不同,而与产品价格预测中所用的浮动率也不一样。评估人员需要记住的是:浮动率的预测会造成储量和现值的大幅变动。

4. 废弃与回收成本

评估时应始终考虑废弃和回收成本。此类成本只包括现有井和未来规划井的废弃成本。因为这些成本会影响油气资产的价值,所以在评估报告中必须明确指出哪些成本包含在评估中,哪些未包含。另外,评估人员还须说明这些成本的来源,必要时还须作出相关免责声明。当采用残值抵消模式对废弃资产进行处理时,计提的残值额必须是现实合理的,并应详细说明。废弃和回收成本的支出时间对正生产、未生产的油气资产净现值也具有重要的影响。

此外,在确定储量是否应划归为未开发的资产时,应将未来废弃成本从未来净收益中扣除,确定该储量是否具有经济开发价值。

5. 管理成本

矿区运营的管理成本应纳入储量评估报告,通常包含在矿区作业报表中,而总部成本通常不纳入储量评估,只在企业总体评估中予以考虑。

七、税费

油气生产公司须按照国家及地方税费相关法律缴纳相应税费。

对于陆上油田,税费指销售税金及附加、矿产资源补偿费。销售税金包括增值税、城市维护建设税、教育附加费、资源税等。海上油田税费内容、税率有所不同,具体按照海上油田相关规定执行。

下述税费为当前国家相关法律和条例的规定,若发生变化,须按照国家相关法律和条例的最新规定执行。

(1)增值税:以商品生产和劳务服务各个环节的增值因素为征税对象的一种流转税,目前石油、天然气的税率有所不同。

(2)城市维护建设费因项目所在地区不同,税额有所不同。

(3)教育附加费费率为3%,地方教育附加费征收标准为2%,按实际缴纳的增值税、消费税税额为计税依据。

(4)资源税可按照国家最新规定的税率计算。资源税额以应税产品的课税数量为计税依据。目前资源税变化较大,建议评价中采用该地区最新的税率。

(5)特别收益金是基于油价,对高于起征点的价格累进收取,需根据相关规定计算。

(6)在中华人民共和国领域及管辖海域勘查、开采矿产资源的矿业权人,应缴纳矿业权出让收益。

(7)所得税率一般为25%。2021年1月1日至2030年12月31日,对设在西部地区的鼓励类产业企业按15%的税率征收企业所得税。

若存在针对特种油气藏的税费减免规定,对于符合条件的油气藏须按照规定执行。

当收购海外油气区块时,须注意操作区块所在国家或地区可能存在相关的税费规则,在价值估算中反映相应的应付税费。

八、现金流预测

现金流是指油气储量生产现金池中资金的流入和流出。现金流计算包括总收入、直接投资、操作成本、直接的矿区使用费和税费,不包括折旧/折耗和摊销等非现金项目。

1. 现金流计算

通常,项目评估采用税前现金流,而公司层面评估则采用税后现金流。如果一个公司没有100%占有某项资产,只计算该公司所占份额内的现金流和储量,可以按项目或从公司层面来计算税前和税后现金流。

现金流计算时必须考虑以下因素:

(1)现金流分析只使用预期的未来成本,不包括此前发生的成本或沉没成本,只在事后评估中考虑沉没成本。

(2)会计折旧、折耗和摊销计算不包括在现金流中,因为它们是与之前发生成本有关的非现金项。

(3)油气资产评估中一般应包括可以直接与资产运行相关的管理费。在评估公司价值时,则必须考虑公司总体的管理费。

(4)评估中应使用合理的价格和未来经济预测。在理想情况下,应使用预测价格和成本进行现金流分析,从而得出经济极限,但监管机构和会计程序可能要求使用固定价格和成本。

(5)除未开发储量的评估外,评估中通常不包括废弃和回收成本。这些成本具有实质性的影响,必须明确说明此成本,并在资产负债表中单独阐述。如果为了进行监管报告,在确定未来净收入时,必须扣除废弃和回收成本。

2. 资金保障能力

评估时,一般假定该公司具有充足的资金保障能力来开发其全部资产。资产本身在市场中具有价值,与该公司的资金情况无关。

第二节　评估报告编制

评估报告是储量评估工作及成果的最终载体,须满足以下原则要求:

(1)评估报告必须是真实、可靠的,所有结论或建议必须得到报告中信息和数据的有效支持。

(2)任何不是出自评估师观察和调查的信息或数据,评估报告中必须明确指出其出处,标注引用的参考报告或记录,且必须说明对这些参考报告或记录的依赖程度。如评估方得到委托方的评估资料承诺书,则须在报告予以说明,并将承诺书作为评估报告的附件。若信息来源于未公开的或私人的报告或记录,则必须同时提交此报告或记录作者的同意书及使用此信息的资质证明。

(3)评估报告必须由具有良好声誉的合格评估师直接完成或在其指导下完成。

(4)评估报告须说明评估师的独立性情况。如果评估师的独立性受到一定影响,则须在报告中予以明确说明。

(5)评估过程中的参数和评估结果应使用统一规定的量纲;评估报告应章节清晰,标题与正文匹配正确。

(6)矿业权评估师编制的市场油气资源储量/矿业权价值评估报告,须经中国矿业权评估师协会统一编码后,由市场油气资源储量/矿业权价值评估机构出具。

由于使用目的和委托方要求不同,评估报告的格式与内容不尽相同。根据评估报告应用场景,本章给出两个范例,分别是国际证券市场用于信息披露的储量评估报告和用于市场交易的储量评估报告。根据监管和委托方要求,报告内容可进行必要的增减和调整。

一、证券市场信息披露的储量评估报告

证券市场信息披露的储量评估报告核心内容包含以下三方面。

(1)储量评估概述性的说明:主要包括委托公司、评估公司、报告目的、完成日期、生效日、评估使用的数据、数据来源、数据截止日期及目标资产地质概况等。

(2)执行标准和原则:主要包括采用储量分类标准、各类储量的定义、经济参数假设理由、储量评估所遵循技术标准或某种监管要求等。

(3)评估参数、结果及其分析:主要包括油气资产种类与分布;各种油气产品的未来各年的产量、价格、权益收入、各种税费、投资、操作成本、不同折现率下的现金流;重要资产的具体分析,包括评估参数、方法及结果等。

用于证券市场信息披露的储量评估报告可分为封面、评估工作综述、评估总体结果、评估单元详述、评估师签章和附件六个部分,以下分别说明各部分内容。

1. 封页

注明客户名称、评估对象(总称)、执行标准名称、评估基准日、评估人员所属公司、评估师姓名、职位/职称、专业资质注册号,评估师签字或盖章。

2. 评估工作综述

(1)概述:简单描述工作权责,评估基本原则、方法与参数选取,评估总体结果。

内容包括:①委托方,评估对象及其地理位置,评估基准日,预期成果(所评估储量类别、储量、未来收入等)、目标用途及评估依据;②所评估油气资产的储量及价值(未来收入)占委托方总油气资产的比例;③产品价格确定方法和依据;④关于成本、税费、收入等需要说明的情况;⑤储量评估、价值计算所用软件或工具,储量合并方法;⑥储量评估总体结果,指定贴现率下的不同产品的各类不同状态的储量数量、现金流的净现值及占比,须注明储量数量与价值的量纲单位;⑦其他贴现率下不同产品的各类不同状态储量的价值(净现值)及占比(可

选）；⑧其他关于评估过程、结果的解释性或警示性说明。

(2)储量定义：说明根据评估要求所确定使用的储量分类、定义、评估关键点解读以及通用事项的处理。

内容包括：①评估报告中涉及到的储量类别、状态，例如储量、证实储量、已开发/未开发、正生产/未生产等；②储量类别、状态的具体定义（摘录），阐述不确定性的主要来源、影响因素及储量估算值可能发生的变化；③部分权益储量的处理原则，相关合同条款的可能不同及其影响说明，评估方对权益份额确定所作的工作，评估方是否进行了相关合同验证；④评估中考虑了哪些不确定性因素，及未考虑因素的可能影响；⑤是否对资产进行现场调查，如认为无需开展现场考察，应说明理由；⑥储量类别、状态等定义的完整内容，即执行标准条款的完整摘录，应作为评估报告的附件。

(3)储量评估：描述储量评估的工作内容、评估方法的选择、评估资料的来源及校验、重要参数确定原则及具体方法等内容。

内容包括：①储量评估的具体工作内容，一般包括可采量及其不确定性的估算；②可采量估算方法及其选择原则；③执行标准中对不同类别储量不确定性的具体规定；④评估结果（可采量及储量类别）的影响因素及可能变化；⑤所选择的评估方法及其评估储量（数量）的占比；⑥经济可采量估算中考虑的因素及执行标准中的相关具体规定，未考虑因素的可能影响；⑦评估资料的内容及来源，评估方对资料合理性的校验程度；⑧具体评估工作（评估资料准备、评估方法选取、参数确定等）的合规性结论，即整体评估工作是否符合目标用途的相关标准或规定；⑨产量预测说明，初产、递减的确定原则与方法，未来产量的影响因素及可能变化；⑩产品价格确定原则与方法，价格确定的基础资料及合理性校验程度，基准价确定，调整因素确定（含是否采用了某些金融方案所带来的价格保护措施）；各个评估对象、不同产品类型的价格参考的基准价及评估价（评估中所使用的、经过调整的基准价）；⑪投资与成本的涵盖内容（科目），投资与成本预测的基础资料及合理性校验程度，未开发或未生产储量的开发承诺说明，成本浮动的预测。

(4)评估团队：阐述评估方的独立性/客观性、专业性。

内容包括：①对于独立评估情况，阐述支持独立性的事实，例如评估公司业务的占比、评估人员与委托方的利益关系等；②对于内部评估情况，阐述支持客观性的事实，例如评估人员隶属关系、主要职权、评估人员利益（薪酬、考核）相关规定等；③评估机构和人员的专业资质，包括参加专业活动、发表专业文章、接受专业教育、获取专业认证等。

(5)使用条款：明确本评估报告的使用目的及条件。

3. 评估总体结果

描述合并的各种产品类型的各种类别的储量及其价值，以及年度对比。

(1)评估结果：包括储量与未来收入汇总表及现金流表。

汇总表：根据规定的汇总要求，例如国家、地域、分/子公司，按储量类别/状态分别列表说明总体及各汇总实体（国家、地域、分/子公司）不同产品的储量、未来收入、未来投资与成本、未来税费、未来净收入、贴现未来净收入及所占比例。

现金流表：根据规定的汇总要求，例如国家、地域、分/子公司，按储量类别/状态，分别列表说明总体及各汇总实体(国家、地域、分/子公司)在未来各年度中不同产品的总产量、净产量、平均价格、总收入、生产税、特别收益金、税后收入、操作成本、开发成本、年度净现金流、累计现金流、贴现年净现金流、经济年限。

(2)储量对比：(一般为可选内容)将本报告评估结果与历史评估结果进行对比，针对不同储量类别，分类确定储量变化值。

内容包括：①总体变化值；②变化原因分类说明；③技术修订，先前评估某些信息未知而如今已知(价格和成本评估除外)，而对先前评估结果做出的修订；④油气资产的出售和购买；⑤扩边和新发现；⑥提高采收率；⑦产量。

4. 评估单元详述

以汇总级别为单位，例如分公司，分章节描述每个单元评估结果(储量及其价值)及历史对比。对于储量发生的重要变化进行详细说明，包括新增单元、未开发单元变化。

(1)新增单元：新增单元指历史评估中未涉及到的单元，不包括因评估单元合并或拆分、更名等原因而形成的评估单元。

内容包括：①单元简介，介绍油田、区域及单元名称，地理、地质简要描述，目前开发生产概况；②储量评估方法选择、价值估算的假设条件；③资源量及可采量估算结果，参数确定方法、取值与支撑资料(沉积环境、地层、储层岩性物性、流体性质、测试情况、开发计划、生产动态等相关资料)，必要时包括类比油藏的情况介绍及关键指标对比；④经济可采量估算结果、价格与成本的确定；⑤权益划分及处理、运输和市场营销协议等内容；⑥根据不确定性及开发/生产状态对储量的分类。

(2)未开发单元：对于历史未开发单元储量变化情况进行说明。

内容包括：①历史(证实)未开发储量的总数量、五年计划钻井数以及变化情况；②因开发工作实施，未开发储量出现的重大变化，包括储量数量、级别、状态以及具体的钻井和投资；③对规定年限或更长时间仍未开发的未开发储量，如不准备核销或降级，须说明保留原因，并辅以详细的开发计划(由委托方提供)。

5. 评估师签章

注明评估师所属公司、评估师姓名、职位/职称、专业资质注册号、评估师签字或盖章。

6. 附件

(1)储量分类与定义：摘录执行标准的储量分类与定义，要求带有原文的标题、标号。

(2)委托函：为委托方与评估方签订的聘任协议。

(3)评估资料承诺书：用以明确委托方所提供资料有效性、准确性和完整性的保证责任。

所提供资料包括地质、工程、生产和测试等技术资料，资产权益及工作义务信息，会计、财务、税收、合同数据、产品营销、处理和运输协议信息等。

针对不同类别资料，给出有效性、准确性和完整性声明，例如会计、财务信息与财务审计报告一致,权益信息为最新、有效的权益,各种协议为最新状态并且预期没有可能产生重大影响的变更、中止和增加等。

对监管要求、资产经营、生产动态、现有生产方式、未来开发计划等可能发生的变化进行说明,一般做出"截至到评估日不会发生重大变化"的承诺。

关于重大变化发生时及时通知委托方的承诺。

(4)评估师资质:描述负责人或评估师的姓名、教育背景、执业经历、注册资格及专业资质保持情况(继续教育情况)、与资质要求匹配情况。

二、用于市场交易的储量评估报告

用于市场交易储量评估报告,主要包括封面、摘要、正文、附表与附件四个部分,以下分别说明各部分内容。

1. 封面

封面需载明评估报告名称及文号、评估机构全称、评估报告日。评估报告名称,一般包含勘查项目名称或油气区块名称、探矿权或采矿权、价值或出让、转让收益。

2. 摘要

摘要应根据委托人需求简要体现报告正文的主要信息,通常包括经济行为、评估目的、评估对象和评估范围、评估基准日、评估方法、主要参数取值、价值定义、评估结论、便于理解评估结论的重要事项、影响评估结论的重大事项、评估结论使用有效期等主要内容。摘要应当由至少两名承办该项业务的矿业权评估师签章,并加盖评估机构印章。

3. 正文

(1)评估机构概况:说明评估机构名称全称、地址、评估资格证书等。

(2)委托人、矿业权人和其他报告使用人概况:介绍委托人的简要情况;介绍矿业权人(或矿业权申请人)的注册情况、企业类型、法定代表人、经营范围等;说明委托人和矿业权人(或矿业权申请人)之间的经济关系或法律关系等;报告使用人包括委托人、评估委托合同约定的其他报告使用人和法律法规规定的报告使用人;评估报告中需说明报告使用人,其中评估委托合同或者其他委托形式约定的其他报告使用人应当予以明确。

(3)评估目的:说明评估目的对应的经济行为,或为满足报告使用人的何种需要,评估目的应当唯一,表述明确、清晰。

(4)评估对象与范围:根据评估委托合同、矿业权权属文件等,详细描述评估对象与范围;简要说明矿业权以往取得时间、方式等历史沿革;评估报告应依据有效的勘查许可证、采矿许可证或者矿业权管理机关委托评估范围文件,分别介绍评估对象和评估范围,明确本次储量价值估算范围是否位于申报单位矿业权所属范围内,矿业权与已知毗邻矿业权的关系是否清楚,有无矿业权属争议;探矿权主要包括勘查许可证号、探矿权人、勘查项目名称、勘查范围、各拐点地理坐标、勘查面积、有效期限、申报评审备案单位等;采矿权主要包括采矿许可证号、采矿权人、油气田名称、油气类型、开采方式、生产规模、矿区面积、有效期限、申报评审备案单位、各拐点地理坐标、开采深度等;说明油气资源储量有偿处置或出让、转让情况,具体包括矿业权出让或出让收益评估、出让收益缴纳情况等。

(5)评估基准日:评估基准日应当唯一,且与评估委托合同或其他委托形式约定的评估基准日一致。

(6)评估依据:需说明所遵循的经济行为依据、法律法规、储量分类及评估技术规范、权属依据、取价依据等。

(7)油气资源储量勘查和开发概况:勘查和开发区位置和交通、自然地理与经济概况;勘查和开发区地质工作概况及所取得的地质勘查成果;勘查和开发区地质概况,重点说明地层特征、构造特征、储层特征、油(气)藏特征等;油气资源储量概况,重点说明含油(气)面积、有效厚度、有效孔隙度、空气渗透率、原始含油(气)饱和度、原始原油(天然气)体积系数、原始气油比、地面原油密度等;开采技术条件;开发现状,重点说明区块目前储量动用情况、采收率、井数、产油(气)量、产液量、注水量、含水率、递减率等基本情况。

(8)评估实施过程:按照具体实施的评估程序,完整描述市场油气资源储量/矿业权价值评估实施的过程。

(9)评估方法:矿业权评估师应当恰当选择评估方法,说明评估方法选择的依据和理由,并列示主要计算公式。

(10)评估参数:评估报告需说明评估参数确定和选取情况:利用专业报告(或专业意见)确定评估参数的,说明专业报告的名称、形成时间、结论等主要情况,并对所引用资料的信任程度、满足评估目的需要程度、遵守现行规范标准等做出客观、独立的评述;说明各评估参数选取和确定的原则、依据、确定(计算)过程和结果。计算的评估参数,需列示计算公式和计算结果;对专业报告参数进行调整确定评估参数的,说明其调整过程;利用专家协助确定评估参数的,说明专家的数量、专业及资格、专家工作过程、结论等主要情况,并说明对其检查、汇总以及分析的过程。

(11)评估假设。矿业权评估师应当结合评估目的、评估对象与范围等情况,做出必要、合理且有依据的评估假设。评估假设应当具备相关性、针对性、合理性。

(12)评估价值定义:特定评估目的、涉及的评估对象与范围、在一定的评估时点、一定的前提条件和假设条件下,采取一定的评估方法估算价值数额;市场油气资源储量/矿业权评估价值定义表述应当全面、明确、清晰。

(13)评估结论:通常以文字与数字的形式完整表述评估结论,并标明货币单位;评估结果通常是确定的数值,执行投资价值评估、以财务报告为目的的评估等市场油气资源储量/矿业权价值评估业务,委托人特殊需求的,经协商后可采用数字区间、与历史评估结果或数量基准的关系(如不大于、不小于)等其他形式表示评估结果;估值报告可以与委托人协商,采用数字区间或其他形式表示估值结果;便于报告使用人正确理解评估结论的重要事项,应在评估结论中反映。

(14)特别事项说明:对可能影响评估结论但非矿业权评估师执业水平和专业能力所能完成的事项,以及便于报告使用人正确理解评估报告的事项,在价值评估报告进行客观说明,并提请报告使用人关注其可能对评估结论产生的影响。

特别事项通常包括：①权属证明文件不完整或者存在瑕疵的情形；②评估资料不完整的情形；③对受客观条件限制未履行必要评估程序所采取的有关措施，及其对评估结论的影响；④市场油气资源储量/矿业权有偿处置情况；⑤或有事项（包括未决事项、法律纠纷等）；⑥重要的引用专业报告（或专业意见）、利用专家协助工作情况；⑦委托人的特殊要求；⑧不确定因素对评估结论的影响；⑨便于报告使用人正确理解评估报告的其他事项；⑩评估基准日至评估报告日期间发生的、可能对评估结论产生影响的期后事项，通常包括矿业权及其对应的油气资源储量勘查和开发区本身的重大变化，如勘查和开发阶段的变化等，重大自然灾害，评估依据的国家相关政策发生变化，评估依据的经济参数发生重大变化等；⑪其他需要说明的事项。

(15)市场油气资源储量/矿业权价值评估报告使用限制：评估报告应当载明报告的使用限制，通常包括：

①报告使用人应当正确理解和使用评估结论。本评估报告的评估结论，对应于本评估报告评估对象与范围，是在所披露的矿业权价值定义和其他限定条件下得出的。报告使用人应当完整理解评估报告披露的评估对象与评估范围、矿业权评估价值定义、评估结论形成条件（假设、限定）、特别事项说明及其对评估结论的影响等。

②评估结论不等同于评估对象可实现价格，评估结论不应当被认为是对评估对象可实现价格的保证。

③评估结论使用有效期原则上自评估基准日起一年有效，相关管理部门有特殊规定的，按其规定。

④评估报告仅供评估报告中载明的报告使用人和法律法规规定的报告使用人使用，其他任何机构和个人不能成为报告使用人。

⑤评估报告只能服务于评估报告中载明的评估目的。评估目的为了解价值的，还应当特别载明评估报告仅供委托人了解市场油气资源储量/矿业权价值之用，不得用于交易、出资、融资、会计计量、诉讼等任何其他用途。

⑥除法律法规规定以及当事人另有约定外，未征得评估机构及签字评估师同意，评估报告的全部或部分内容不得被摘抄、引用或披露于公开媒体。

⑦委托人或者其他报告使用人未按照法律、行政法规规定和本报告载明的使用范围使用市场油气资源储量/矿业权价值评估报告的，市场油气资源储量/矿业权价值评估机构和矿业权评估师依法不承担责任。

(16)评估报告日通常为评估结论形成的日期，应当载明于市场油气资源储量/矿业权价值评估报告中，评估报告日可以不同于评估报告的签署日。

4. 附表与附件

评估报告附表通常为市场油气资源储量/矿业权价值评估计算（测算、估算）的各种表格。各表之间要注意内容、数字相互对应，勾稽关系正确。

评估报告附件内容应当与评估目的、评估方法、评估结论相关联，通常包括：①与评估目的相对应的经济行为文件;②评估对象所涉及的权属证明文件;③评估参数确定的重要依据(如专业报告、合同、协议等);④涉及评估对象与范围确定、其他影响评估报告使用的重要说明和材料;⑤市场油气资源储量/矿业权价值评估委托合同或评估委托书;⑥委托人和相关当事人的承诺函;⑦签名矿业权评估师的承诺函;⑧市场油气资源储量/矿业权价值评估机构探矿权采矿权评估资格证书、营业执照;⑨签名矿业权评估师执业登记证书;⑩其他重要文件。

评估报告附件内容及其所涉及的签章应当清晰、完整,相关内容应当与评估报告摘要、正文一致。评估报告附件为复印件的,内容应与原件一致。

第六章 矿业市场油气储量审计

油气储量评估存在固有的不确定性,评估人员需要基于自身的知识与经验对现有资料进行处理解释并以此为基础开展储量估算。因此,评估人员对评估结果具有重要影响。当企业选择内部评估储量时,评估人员作为企业内部员工,可能会受到来自管理相关方面的压力影响。利用储量审计对储量评估的工作质量进行检查,是保证储量评估结果客观性的一种重要方式。

油气储量审计是对储量评估结果的合理性以及公司对储量信息的准备程序和评估过程提出观点,其结果有多种用途。

(1)在证券市场信息披露方面,当上市公司准备披露材料时,储量审计报告可作为公司尽职调查说明的一部分。在监管机构允许的情况下,上市公司可以将油气储量审计作为第三方评估的一种替代方案,聘请独立储量审计机构,根据标准开展审计工作,从而确定公司储量评估信息的合理性。

(2)在国有资产管理方面,油气储量审计可以用于国有企业的油气资产监管。

(3)对国家登记或统计的储量信息,可以利用第三方独立油气储量审计方式抽检,提高申报备案数据质量。

储量审计是通过审查工作标准、流程及评估人员的资质,判断评估工作质量。储量审计包括评估测试与检查,根据评估人员的资质、内控程序的质量、资产的规模和多样性以及审计工作历史等情况,审计测试的深入程度和内容设计会有所不同。

审计工作通常采用油气资产(油气藏)抽样审查方式进行,如果资产抽样得当,则可认为所得结论适用于全部资产。在抽样时,必须注意油气资产(油气藏)的差异性,选择规模适当的资产,否则将无法得到有效结论。审计报告中必须描述抽样方法、样品(所选取资产)的规模以及与全部资产的对比。

审计的依据一般包括矿评协发布的规则、相关监管要求以及有关评估师执业方面的法律法规要求等。

第一节 审计相关术语

储量信息 泛指油气资产数量和价值的多种预测资料及辅助资料,主要包括:储量数量估值;储量相关的未来净现金流预测及其净现值预测;储量评估相关的其他辅助资料,包括内控制度、人员资质、历史产量、已有投资、成本、价格、未来投资、成本、价格的假定、勘探、开发历程及具体工作量,未来开发计划等。

储量审计 具有资质的储量审计师按照一定的工作程序,审查储量评估和报告编制过程中工作程序、各种解释结果或假设,以及储量评估结果,并以意见书形式对合规性、合理性发表意见,说明总体上是否符合评估应遵循的标准或规则,具体包括:①内控制度完备性;②工作执行的合规性;③基础数据的充分性和质量;④选取的方法是否合适;⑤评估过程的深度与广度,例如是否尽可能考虑了各种影响因素,或者对于某个参数取值是否多角度深入研究等;⑥储量信息(类别、数量和价值)的合理性。

储量审计一般分为过程审计和结果审计两种,下面列出过程审计和结果审计的定义:①过程审计,重在合规性审计,是对委托人的储量评估规则、内控流程、评估过程等是否符合相关要求进行审计,出具审计意见,不对具体评估参数和储量结果进行评价;②结果审计,既注重合规性,也注重合理性,是对委托人储量评估基础数据、评估方法、估算过程、储量分类、储量结果进行审计,提出修改意见,明确结果差异,并根据结果差异出具储量审计报告。

储量信息合理性 由于储量评估存在固有不确定性,所以合理性不能以准确性和精确性定义。对于证实储量,建议合理性允许误差范围为$-10\% \sim 10\%$;根据储量类别、使用目的等因素,可以单独设定不同的容忍度标准。

第二节 审计管理

油气公司作为委托方在审计工作中必须承担相应的职责,否则审计工作无法顺利开展。

一、审计师聘任

对于独立审计工作,公司须进行充分研究,根据资质标准聘任合格机构进行审计,其审慎程度与聘任财务审计人员相同。委托方与审计机构应签署正式的委托合同,其内容与评估委托函类似。

在条件允许的情况下,公司应尽早确定审计机构,以便审计人员提前筹备,确保审计工作高效、及时完成。

二、审计意见及问题约定

审计意见一般包括5种:

(1)标准的无保留意见。说明审计师认为被审计者编制的储量信息已按照适用的标准和规定编制并在所有重大方面合乎要求。

(2)带强调事项段的无保留意见。说明审计师认为被审计者编制的储量信息已按照适用的标准和规定编制并在所有重大方面合乎要求,但是存在需要说明的事项,如重大不确定事项等。

(3)保留意见。说明审计师认为储量信息整体是合乎要求的,但是存在影响重大的错报。

(4)否定意见。说明审计师认为储量信息整体是不合乎要求的或没有按照适用的标准和规定编制。

(5)无法表示意见。说明审计师的审计范围受到了限制,且其可能产生的影响是重大而广泛的,未能实施必要的审计程序,不能获取充分的审计证据,不能对储量信息的合规性、合理性发表意见。

在建立正式委托关系之前,双方应就审计所发现问题的处理达成共识,即当审计师无法出具标准的无保留意见时,按照下列方式处理:

(1)审计师直接出具保留意见或其他意见。

(2)审计师指出(可能)导致保留意见的问题,公司进行补救直至消除问题。

三、审计过程规划与推进

公司对审计工作必须进行充分规划并推进,帮助审计师与相关人员建立通畅的沟通途径,并允许审计师在工作时间内能自由地获取相关数据、工作文档和储量信息。

四、储量相关信息提供

为方便审计师顺利开展工作,公司须向审计师提供:

(1)待审计油气资产相关的储量评估结果。

(2)待审计油气资产相关的所有基础数据或文件,包括地质、地球物理、油藏工程、权益、经营等方面。

(3)审计师认为可能掌握审计相关信息的所有内部人员名单。

(4)公司储量管理流程、操作方法与指南的说明书和文件。

同时允许审计师使用其他可靠来源的非保密信息。

五、各方协作共识

公司应协调储量审计师和独立注册会计师达成协作共识。

(1)审计报告可为独立注册会计师所用:①允许将审计报告提供给独立注册会计师,方便后者审查公司的财务报表;②必要时,审计师与独立注册会计师讨论其审计报告;③满足约定条件下(一般与独立储量评估报告的使用条件类似),允许将审计报告提供给公司进行公开披露。

(2)审计师与独立注册会计师应进行必要协作:审计师与独立注册会计师应协调各自工作,就双方审查的记录和数据达成一致认识。

第三节　审计师职责

储量审计师的责任仅限于对储量信息发表意见。在开展审计时,审计师一般不需要单独核实公司提供的关于所有权权益、油气产量、历史作业和开发成本、产品价格、当前和未来作业与产量销售协议以及其他特定方面的信息或数据。如果相关信息和数据的准确性或充分性存在疑问,只有当疑问得以解决或这些信息和数据已进行独立验证,审计师才能使用这些信息或数据。

当储量信息用于财务会计,独立注册会计师通常会在审查公司财务报表时,对部分基础数据进行检查,包括储量评估采用的资产权益、历史生产数据、价格、成本以及贴现率。此时审计师应严格审核相关基础数据,尤其是当存在预期的重大开发和设备支出,或操作成本、矿区使用费和收入的历史数据与预测数据之间存在重大差异时。审计师还必须与公司及其独立注册会计师确认,储量信息与财务报表必须同时反映相关的事件和交易。

综上所述,审计师总体工作职责如下:
(1)收集相关信息和资料,对相关人员进行访谈。
(2)审查公司评估和记录储量信息时所采用的方法(即内控制度)。
(3)对储量信息进行必要的测试和评价。
(4)基于自身的知识和经验,对储量信息总体上在所有重大方面是否合规、是否合理作出专业判断,出具审计意见书。对于无法出具无保留意见书的情况,按照约定处理。

第四节 审计内容与步骤

一、审计总体内容

审计工作主要包括以下方面的审查与评价:
(1)公司关于储量信息估算、评审和批准方面的内控制度。主要包括:公司使用的储量定义和分类、评估方法与操作细则;有关储量信息评审和批准的公司政策、管理人员的参与程度以及政策变化等;公司对现有储量信息进行评审的频率;公司储量信息的形式、内容和文件系统,以及公司内部审批和分发程序;公司储量库系统的出入库数据。
(2)储量评估人员的资质。
(3)内控制度执行情况。主要包括:储量评估人员和其他职员是否严格遵守公司的内控制度;公司储量库系统的入库数据是否完整,并与其他可用记录一致。
(4)关键性综合指标。主要包括:公司油、气的储采比;公司资产和权益储量的历史及修订趋势;按资产规模或资产分组对储量估算值及其未来净现值进行排序;各种方法估算的储量百分比;审计期内公司储量发生的重大变化。
(5)具体资产的储量数量与价值的估算值、基础数据及评估方法和过程。

二、主要工作步骤

完整的审计工作步骤一般如下:
(1)计划与监督。
(2)审计师任命。
(3)审计问题约定。
(4)内控制度审查。审查公司关于储量信息估算、评审和批准方面的内部政策、程序、方法、指南、文档系统,判断其严密性、妥当性和有效性,并以此为基础,确定后续必要的审计测试的性质、范围和时机。

(5)合规性测试。通过测试和抽查的方式确定内控制度的执行情况。

(6)实质性测试。选择适当的资产,对其储量数量和价值(估算值)、所依赖的基础数据和所采用的具体方法进行测试,判断其合规性与合理性。

三、实质性测试

为保证实质性测试结论的有效性,必须选择合适的测试对象(油气资产或资产组)。在选择资产或资产组时,应优先考虑具有以下特点:①对公司总油气资产而言,具有很大的储量价值;②具有较大的储量价值,且在审计年度中相关储量信息发生重大变化;③具有较大的储量价值,且相关储量信息具有高度的不确定性。

审计师自主选择测试对象,同时还需要注意以下几点:

(1)在选择资产或资产组进行实质性测试时,还必须考虑到:储量和产量的组合,例如储量大产量小的、产量大储量小的资产;油藏类型的差异性;衰竭机理的多样性及相关开采风险;资产成熟度(不同的开发阶段)和生产风险;随着新信息增多,可用方法也会改变,从类比法到容积法、物质平衡法,再到产量递减分析法、油藏模拟法。

(2)考虑公司的内控制度及执行历史,抽取的样品必须足够多,以确保针对储量合理性得出有效(达到所要求确定程度)的结论。

(3)抽样过程必须确保选择的资产具有代表性,平衡选择待审计资产的类型和价值。

实质性测试的数量取决于以下因素:储量信息总体不确定性程度的评估结果;内控制度审查结果;合规性测试结果。

基于上述因素,实质性测试可能从少数到大部分储量的重新评估。

审计测试工作可以在全年任何时间进行。审计师可以安排在中期阶段对内控制度进行测试,并完成大部分审计检查工作。在年终时,如果审计师认为公司的内控制度仍然有效,年终审计程序则主要对新数据的影响进行评价,包括新发现、最近油气产量以及其他近期信息和数据。若评估条件没有发生显著变化,审计师一般不需要重新检查关于公司资产和权益的数据。

第五节 审计报告与审计记录

一、审计工作记录

审计师须对公司储量信息的每项审计工作编写文件并保留记录,其中必须包括:所审计的储量信息;公司内控制度的审查与评价;关于公司内控制度的合规性测试;实质性测试及其结果。

二、审计报告

审计报告具有与评估报告类似的原则要求。

审计报告一般应包括下列内容,但可根据使用目的或委托方要求进行必要的增删。

(1)储量审计概述性的说明。主要包括委托公司、审计机构、审计任务、报告日期,所审计储量信息的用途、完成日期、生效日、目标资产、评估机构等。

(2)合规性审查。分项判断委托方储量信息估算、评审和批准方面的内部政策、程序、方法、指南、文档系统及其执行的合规性。

(3)实质性测试。测试储量评估方法及选择、评估资料的来源及校验、重要参数确定原则及具体方法等方面的合理性。

(4)审计意见。针对整体储量评估工作及其结果的合规性、合理性提出总体意见。

1. 封页

封页注明客户名称、审计对象(总称)、执行标准名称、评估基准日、审计机构、审计师姓名、职位/职称、专业资质注册号,审计师签字,审计机构盖章。

2. 概述

概述内容包括简单描述工作权责、审计基本原则与执行标准、主要审计工作、总体审计意见,具体包括:

(1)委托方,审计对象及主要内容,评估基准日,审计对象的目标用途及评估依据。

(2)待审计油气资产的储量及价值(未来收入)占委托方总油气资产的比例。

(3)审计的执行标准。

(4)总体审计意见。

3. 合规性审查

合规性审查分项判断委托方储量信息估算,评审和批准方面的内部政策、程序、方法、指南,文档系统及其执行的合规性。审查内容包括以下几种:

(1)管理程序与方法,主要包括:公司储量管理的组织机构与职能;公司储量管理流程;评估机构及人员资质,以及相关独立性、客观性要求;公司储量评估采用的技术指南或操作细则。

(2)储量评估中关键参数的确定方法,主要包括:产品价格确定方法和依据;成本与税费所包含的内容、成本与税费的确定方法。

(3)储量分类,评估采用的储量分类、定义、评估关键点以及通用事项的处理方法,主要包括:储量评估采用的标准、储量类别、状态,例如储量、证实储量、已开发/未开发、正生产/未生产等;部分权益储量的处理原则,相关合同(如产量分成)的可能影响,现有合同所涉及的资产及其特殊处理方法,评估方是否进行相关合同验证;应考虑的不确定性因素,未考虑因素的可能影响;是否按需要对资产进行现场调查。

(4)储量类别、状态等定义的完整内容,即参考标准条款的完整摘录,应作为评估报告的附件。

4. 实质性测试

按照储量评估的具体工作内容,分别判断样本资产的评估方法及选择,评估资料的来源及校验,重要参数确定原则及方法等方面的合规性、合理性,具体包括:

(1)抽样原则及具体样本描述。

(2)可采量估算方法及其选择原则。

(3)评估资料的内容及来源,评估方对资料合理性的校验程度。

(4)产量预测。初产、递减的确定原则与方法,未来产量的影响因素及可能变化。

(5)产品价格确定。确定原则与方法(参照标准)、价格确定的基础资料及合理性校验程度、基准价确定、调整因素确定(含是否采用了某些金融方案所带来的价格保护措施),适用于不同评估对象、不同储量类别、不同产品类型的参考来源、基准价及评估价(评估中所使用的、经过调整的基准价)。

(6)投资与成本预测。投资与成本的涵盖内容(科目)、投资与成本预测的基础资料及合理性校验程度,对未开发和未生产储量的处理方法、成本浮动的预测。

(7)储量类别与级别划分。

5. 审计意见

对储量评估相关内控制度,储量评估过程及具体采用的处理原则、方法、基础数据、参数,以及储量信息等方面的合规性、合理性提出总体意见。

6. 审计团队

阐述审计方的独立性、专业性,具体包括:

(1)支持独立性的事实说明,例如审计公司业务的占比、审计人员与委托方的利益关系等。

(2)审计方(公司和人员)的专业资质,包括参加专业活动、发表专业文章、接受专业教育、获取专业认证等。

(3)审计团队(负责人)。

7. 使用条款

明确本审计报告的使用目的及条件。

8. 审计师签章

注明审计师所属公司、审计师姓名、职位/职称、专业资质注册号,审计师签字或盖章。

9. 附件

此部分内容与评估报告类同,包括:

(1)储量分类与定义。摘录所参照标准的储量分类与定义,要求带有原文的标题、标号。

(2)内控制度。在委托方同意的情况下,摘录委托方关于储量评估、评审和批准相关的内控制度,包括制度构成、政策、核心程序、关键方法和操作细则。

(3)委托函。委托函为委托方与审计方签订的聘任协议,用于明确双方的权利和义务,主要内容包括:审计项目范围和目标描述,例如待审计资产的数量和类型、评估基准日、目标用途、项目可用时间以及与项目工作相关的成本等限制条件;审计信息和数据要求,委托方对所提供数据有效性、准确性和完整性的保证责任(评估方是否须对委托方提供资料进行全面的校验或解释,是否需要进行现场调查等);项目服务费用构成、估算及付款条款;审计方对客户数据承担的保密责任,评估过程各种知识产权归属;审计方的补偿条款与条件,即特定情况下审计结果(整体或部分)的应用对审计方或其相关人员造成损失,委托方根据约定条件对评估方进行对等补偿;审计方名称以及评估报告结果的使用与公开披露要求。

(4)审计资料承诺书。用以明确委托方对所提供资料有效性、准确性和完整性的保证责任。主要内容包括:①所提供数据类别,包括地质、工程、生产和测试等技术资料,资产权益及负担信息,会计、财务、税收、合同数据,产品营销、处理和运输协议信息、储量信息等;②针对不同类别数据,给出有效性、准确性和完整性声明,例如会计、财务信息与财务审计报告一致、权益信息为最新、有效的权益,各种协议为最新状态并且预期没有可能产生重大影响的变更、中止和增加等;③关于重大变化发生时及时通知委托方的承诺。

(5)审计师资质。描述负责人或审计师的姓名、教育背景、执业经历、注册资格及专业资质保持情况(继续教育情况)、与资质要求匹配情况。

第七章 储量相关盈利能力指标及财务分析

在矿业市场投资场景下,决策者基于储量价值的现金流预测判断各类投资机会的潜在盈利能力,在公司财务管理场景下决策者会基于会计准则开展基于储量的各类财务测试分析。本章将介绍储量相关盈利能力指标以及与储量相关的财务分析。

第一节 储量相关的盈利能力指标

盈利能力指标基于储量价值的现金流预测制订。决策者在锁定、接受、拒绝或比较投资机会时会用到这些盈利能力指标。

决策者不可能只用一个价值衡量指标就能涵盖投资项目的所有因素或维度,因此一家公司应选择最能代表其财务状况的盈利能力指标,一个实用的盈利能力指标应具备以下特征。

(1)必须适用于对投资机会的盈利能力进行比较、排序。

(2)应当反映公司的投资成本和现金流净现值,即能够如实地反映公司的财务方针,包括公司未来的再投资机会。

(3)必须能够提供某种方式确定一个投资机会的盈利能力是否达到了最低标准,例如资本成本和/或公司所期望的平均收益或最低收益率。

(4)如可能的话,最好还能同时反映其他指标,例如公司目标、决策者的风险偏好,以及公司的资产状况。

本节简要描述每种盈利能力指标,并总结其优点和局限性。

一、贴现现金流分析

通过油气储量评估以及对产量、价格、矿区使用费、成本和税费的预测所得的现金流是在未来一段时期内获得的,因此需要对未来年度现金流进行贴(折)现处理,才能确定全部现金流的净现值,此过程称为"贴(折)现现金流分析"。分析过程中可采用不同的贴现率,对应将产生一系列的净现值数据。贴现率的取值范围从0(未贴现)至50%不等;然而,监管机构可能要求在评估报告和其他需要公开披露的辅助性资料中使用具体的贴现率,通常为0、5%、10%、15%和20%。贴现率越高,现金流的净现值越低;反之亦然。

在涉及以下业务时,贴现现金流分析是一个支持决策的、非常强大的资产和企业价值评估工具。

(1)确定油气资产的价值。

(2)论证地面、钻井或者生产设施的资本投资。
(3)买卖正生产资产。
(4)决定收购或者兼并其他公司。
(5)以未来产量为担保贷出资金。

这种分析方法得到油气行业的普遍认可,是评估油气资产价值的一种主要方法。

贴现现金流分析是油气资产评估的组成部分。从定义来看,只有经济可行的油气量才可称为商业储量。虽然经济可行是一个主观概念,但在许多情况下,当按某一贴现率计算得出的净现值为正值时,即可认为经济可行。所使用的贴现率能够反映以下情况:①当前投资成本;②替代投资项目的潜在回报,不同投资组合下可能回报。按当前行业惯例,我国常规油气藏开发项目的最低年度内部收益率一般为6%~8%,因此可将6%~8%作为贴现率计算净现值,通过该净现值可以判断相关项目是否达到最低盈利标准。

资产所属油气储量的预测净现值是评估油气资产价值时最常用的衡量指标之一。用于计算净现值的贴现率的选择会对评估结果产生重大影响。

二、净现值计算

净现值(net present value)指资产评估时需要的理论总投资额,该投资以某个贴现率时获得理论利息后的数值等于未来净现金流。评估时,未来净现金流是一个预测值,因此有必要通过未来净现金流进行贴现处理反算理论利息。

油气行业按月获得收入,而非在年终时一次性获得。依合理估计,将全部收入视作年中发生可得到合理的近似值,因此中期贴现法是油气价值评估时最常用的评估方法。中期贴现公式为

$$净现值系数 = \frac{1}{(1+i)^{n-0.5}}$$

式中:n 代表获得收入的期数;i 代表选用的贴现率,以小数表示(%/年/100)。

通过净现值系数可将年度现金流贴现至评估生效日。年度现金流预测的总净现值等于某一贴现率下各年净现值之和。

净现值受到下列因素的影响:①现金流的发生时间;②所使用的贴现率;③贴现的目标日期(生效日期)。

在净现金流总量相等的情况下,时间跨度长的净现金流的净现值比时间跨度短的近期未来现金流要小。另外,贴现率越高,净现值越小。

三、贴现率的选择

贴现率的选择取决于评估目的。在项目评估时,有必要使用范围较大的贴现率来描绘一系列的净现值。许多盈利能力指标均要求进行此类分析。监管机构也可能要求在评估中使用一定范围的贴现率值,以便进行披露和报告。为了准确反映市场价值,所选用的贴现率必须是同一行业内当前在进行类似性质交易时所使用的贴现率。

针对资产或者公司的价值评估,很多理论认为用于计算投资成本的利率即为合适的贴现

率。然而各公司的投资成本各不相同,市场价值在不同公司间也会有所不同,但对整个业界而言却是一定的。

为了确定市场价值,合适的贴现率必须是现阶段行业内买卖资产时所使用的贴现率。评估时,必须确保对类似资产进行比较,而且对各种情形均做出现实的评估。由于买卖双方对未来行情的理解会有变化,该贴现率也会随着时间的推移而改变。总而言之,贴现率是一个依赖于市场供求、投资成本、资金存量和其他市场因素的变量。

四、盈利能力指标

某一具体项目的贴现现金流分析可用来确定该项目的价值,为是否向该项目投资提供决策支持。油气行业使用不同的盈利能力指标对投资决策进行评估。这些盈利能力指标大部分从贴现现金流分析衍生而来。通常针对一个或者多个盈利能力指标设定了不同的最低收益标准,这些最低收益标准可用来接受或者拒绝投资机会,以获得公司层面的目标内部收益率。在设定项目的最低收益率前须全面考虑其风险和不确定性。

盈利能力指标用于选择和优先安排投资机会,进行资金分配。油气行业使用的典型盈利能力指标包括:①净现值;②投资回收期;③投资回报率;④贴现投资回报率;⑤内部收益率;⑥财务回报率。

1. 净现值

净现值是用来衡量收益能力的简单方法,但是仅靠净现值并不能充分反映项目周期差异或者资本投资规模。

2. 投资回收期

投资回收期指从未贴现净收入中收回项目投资所需要的时间。该指标不考虑货币的时间价值和投资回收期后的收益。尽管存在这些严重不足,投资回收期指标与评估项目的可取性存在着某种关联。投资回收期自初始参照日期起计算,通常指首次重大投资的时间,并不一定是生产开始的时间。此外,计算投资回收期时仅包括回收期前必须的投资。通常使用税前现金流来计算投资回收期。

3. 投资回报率

投资回报率(return on investment)也称为"未贴现利润投资比",指未贴现净现金流与初始投资额的比值。投资回报率忽略货币的时间价值,尽管存在这一严重缺陷,一些人还是用它来选择合适的投资。它能使投资者关注那些周期较短的或者涉及非通常现金流的项目。

4. 贴现投资回报率

贴现投资回报率(discounted return on investment)有许多别名,如"贴现利润投资比""净现值比""资本生产力指数"。

贴现投资回报率指在当前市场贴现率下,未来收入的净现值(不包括资本支出。如果包括资本支出,则应使用未来现金流的净现值)与贴现投资额的比值。贴现投资回报率适用于税前和税后的现金流。

对于投资机会排序,贴现投资回报率是一项非常有用的指标。如果使用当前的市场贴现率,则贴现投资回报率代表了单位投资所增加的资产价值。

作为排序工具,贴现投资回报率克服了内部收益率(internal rate of returen)固有的问题:它对所有项目使用相同的贴现率,而且考虑了项目周期内的不同。但是当对两个在资本投资需求方面差异巨大的项目进行比较时,仅使用贴现投资回报率一项指标进行评估是不可靠的。

5. 内部收益率

内部收益率(internal rate of return,IRR)是近年更广泛使用的盈利能力指标之一,它也有许多别名,如"内部收益""贴现收益率""贴现现金流收益率""利润指数""资本的边际效率"。

内部收益率是指某一贴现率,未来净现金流必须按照该贴现率贴现,以形成一个与投资额相等的净现值。如果现金流中包含了投资额,则内部收益率是指某一贴现率,现金流按照该贴现率贴现后的净现值为零。有些项目(如加速项目)可能存在两个可使净现值为零的IRR值。

此指标考虑了货币的时间价值,但未考虑项目周期差异。也就是说,它可能使得现金流高的短期项目看起来比长期项目更具投资价值,因此可能导致投资者做出错误的投资决策。

6. 财务收益率

上节定义的"收益率"应用与此术语的其他应用(尤其是财经界)有所不同。内部收益率指资金回笼额加上资本收益额,与多种财务收益率度量不同,财务收益率一般只考虑资本收益额,而不考虑资金回笼额。

会计和财经界使用的财务收益率(financial rate of return,FRR)还有其他别称,如"账面价值收益率""近似收益率""平均收益率""权责发生制会计模型""财务方法"。

FRR的计算方法是用年度净收入或者收益除以资本投资额。FRR忽略了货币的时间价值。

7. 内部收益率与财务收益率的区别

IRR与FRR根本区别在于IRR涵盖了资金回笼和资本回报两项,而FRR仅评估了资本回报而不考虑资金回笼。

五、使用现金流预测的注意事项

评估一项资产或者新的投资机会时,除非先期资本支出或沉没成本因为税收池冲销以及亏损结转可能产生残余价值或者税收影响,否则不予考虑。现金流预测中只包括未来收入和成本。

大部分用来论证投资机会的现金流预测考虑新项目对整个公司的增效作用,因此为了支持此类投资决策分析,现金流预测仅包括直接来源于项目的新增成本、产量和收入。

如果与不投资相比,进行投资能够更早地采出同等数量的储量,那么这时就需要实施加速生产项目。货币的时间价值可使这种开支具备经济性。对没有增加储量的加速项目,需要审慎处理。通过对这些项目进行增量现金流分析(即加速后的现金流与原始现金流之间的差额),可能获得多个 IRR 值。

单项资产评估时不考虑管理费用。但是某个未来项目或者支出预计将导致一般性及管理费用大幅增加或减少,评估报告应当对该事实进行披露或者予以考虑。

由于财务报表中的折旧、折耗和摊销费用属于非现金项目,现金流预测中不考虑这些因素。尽管现金流预测通常已经涵盖了未来资本成本,在确定某项生产设备的经济年限时,特别是当产品价格低迷、收益极少且需要作出关井决定时,折旧、折耗和摊销可能具有一定的相关性,进而需要予以一定的考量。

第二节 储量相关财务分析

投资者和金融专家,包括企业财务主管、财务分析师、会计师、银行家、证券委员会,经常使用储量与资源量评估结果对油气行业的投资机会进行评价、对比、监管和推荐。所采用的方法可能非常严谨,涉及储量与资源量评估人员以及财务人员,也可能是"快速但不完善的"概测法计算,不涉及储量与资源量评估人员。

由于存在储量信息误用和误报的可能性,本节将推荐用于一些合适的、体现储量信息的基准指标。基于储量进行财务分析时要注意以下两点。

(1)储量分类标准的合理应用。传统报告(包括会计信息披露)有时鼓励公司报告乐观的证实储量与价值,因为储量折耗计算等财务测试仅使用证实储量,而不是证实储量+概算储量(评估人员对预期可采储量的最佳估算)。因此必须严格应用储量的分类标准,避免对证实储量的估算过于乐观。

(2)公开报告中的信息误报。很多投资者因为并不熟悉油气行业储量开发的技术细节,而依赖财务方面提供的信息,如果储量信息误报或理解不当,投资者信心就会受挫。一个典型的例子就是油气当量转换:这种根据热值进行转换的方法已被油气行业采用多年,而且已成为收购和剥离活动公开披露的标准,但它并不代表各种储量产品的市场价值转换。

以下将介绍一些与财务测试相关的输入数据及概念,提出了改进这些测试质量和一致性的建议,并提议了一系列新的替代方法。

一、财务测试的储量类别

许多财务测试仅基于证实储量,这样可以确保财务测试反映一定程度的保守性。这一理念在一定程度上具有合理性,特别是在趋向保护投资者的证券市场上。这可能带来一个副作用:企业可能为了得到更有利的指标,会尽量报告乐观的证实储量估值。

一般而言,油气生产商的投资依据是开采证实储量+概算储量,而不仅限于证实储量,因此更现实的做法是采用证实储量+概算储量,因为证实储量+概算储量估算反映了评估人员对预期采收量的最佳估算(中性估值,既不乐观,也不保守)。

二、储量当量转换

为了横向对比油气生产商的储量,一般会将石油、天然气以及副产品换算成统一的单位,通常将不属于常规石油的储量转换成油当量(桶油当量或吨油当量)。将储量转换成油气当量的方法很多,每一种方法都适用于特定的目的。经常使用的转换方法有以下4种:①热值(例如,6000立方英尺天然气对应于1标准桶油,1000m^3天然气对应于1t油);②井口价;③市场价值;④10∶1的比率(桶油当量转换)。

储量当量经常为下述各方使用:

(1)金融机构。用于说明上市公司的绩效,进行公司绩效对比,选择投资机会。

(2)企业。用于优化作业,报告产量与储量,确定接替成本,估算收购价值。

(3)会计师。用于确定计算折耗费。

无论使用何种转换方法,各种产品的储量均应转换为统一单位。如转换为桶油当量,统一单位为轻质油桶数;如转换为吨油当量,统一单位为轻质油吨数。需转换的非油产品包括脱硫干气(主要成分为甲烷和乙烷)以及乙烷、丙烷、丁烷、戊烷以上烃类和硫等副产品。由于稠油的品质和价值与轻质油的不同,最好也将其转换成轻质油桶数。

不同的方法所得出的油气当量值也大不相同。热值和10∶1转换的桶油当量比率保持不变,而井口价和市场价值转换的油气当量则反映市场状况,随时间波动。当通过6∶1的千立方英尺/桶油当量(一千立方英尺=28.317m^3),或1∶1的km^3/t油当量换算出的桶油当量或吨油当量记为储量时,虽然会夸大了公司储量,但也是当前油气行业最常用的方法,用于各油气公司间相互比较。

综上所述,在考虑可选择的投资机会时,最好不使用当量转换。

三、净回值计算

净回值概念来源于净回值定价法。该方法是以商品的市场价值为基础确定上游供货价格,而商品的市场价值按照竞争性替代商品的当量价格决定,最终用户价格按市场价值确定。

净回值是一种价格回归的计算方法,多应用石油天然气产品市场定价计算中,其计算方法如下。

单位产量净回值=某一时点的单位产量价格-生产成本-矿业权税或矿区使用费-生产税

净回值并不适合识别资产价值,因为它只确定某一特定时间点价格、生产成本、矿业权税(矿区使用费)和税费的影响,因此最好只用于评估作业优先次序以及评价通常与油田维护和改善有关的小额资本支出。

四、接替成本

储量评估的一个重要用途是确定储量接替的平均成本,确定勘探与开发支出是否正在以低于或等于资产净值的成本增加储量。如果所增加储量的成本超过资产净值,则公司的投资收益率低于用于确定价值的贴现率。

发现与开发成本也被称为"接替成本",对于衡量成功率非常有用。发现与开发成本的计算方法如下:所有勘探与开发成本总额(包括所有工厂与生产设施)除以增加的证实储量。所使用的储量经常被换算成油当量。由于发现与开发成本的分析重点是价值,最好采用基于产品市场价值的换算方法,尽管通常采用热值的换算方法。

发现成本用于衡量勘探的成功率,其计算方法如下:勘探成本除以支出所增加的证实储量。由于计算中只包括勘探钻井、土地和地震成本,计算得到的高置信度结果可能带有一定的误导性,因为在完全开发之前发现的储量无法赋予价值。从低的发现成本可能容易让人得出勘探工作是成功的结论,但如果完全开发的成本超过所增加储量的价值,这个结论就是错误的。反之亦然:较高的勘探成本可能表明不(太)成功,但如果开发成本较低时,仍然可能以低于储量价值的成本增加证实储量。

虽然广泛用于油气行业,发现与开发成本只是一种测量值。油气质量和作业与运输成本造成的各种净回值将造成不同的储量具有不同的单位价值。

1. 发现成本、发现与开发成本的计算方法

发现成本、发现与开发成本的计算公式如下:
发现成本＝勘探成本÷增加的证实储量
发现与开发成本＝勘探开发成本÷增加的证实储量
这种计算方法非常简单,但分子和分母必须统一,这一点非常重要。

2. 发现成本

因为无法在完全开发以前为储量赋予具有高置信度的价值,发现成本指标的应用具有局限性。尽管如此,在跟踪勘探投资的效益方面,它仍然是一个非常有用的操作指标。

3. 仅使用证实储量

油气公司开发油气田,以期得到储量的最佳采出量,这个量平均表现为证实储量＋概算储量。大多数情况下,在油气田投产前,可能需要大量的资本支出。此时可能仅有一小部分的储量被划分为证实储量,如果计算时仅考虑证实储量,则会产生高额的接替成本,这个结果可能扭曲实际的工作成效。

同样,对于提高采收率项目,在能够将所有储量划分为证实储量以前就可能已经进行了资本投资。

4. 证实未开发储量

虽然证实未开发储量也可用于计算发现与开发成本,但完全开发此类储量所需的成本尚未完全支出。如果在完全开发以前将其纳入计算,就会产生较低的发现与开发成本。当这些储量的开发成本发生时,因为无法增加额外储量(因为这些储量之前已经被计入),发现与开发成本将会很高。

5. 推荐的计算方法

鉴于上节中,计算发现与开发成本中存在的一些误区,建议采用下列一些做法。

(1)证实储量+概算储量。应将证实储量+概算储量作为发现与开发成本计算公式的分母,以便更好地反映储量的潜力。

(2)已开发储量和未开发储量。发现与开发成本指标力图确定储量发现与开发的单位成本。要正确计算这一指标,公式的分子和分母必须统一。建议仅识别和使用为增加已开发储量所支出的年度成本,包括证实已开发正生产储量、证实已开发未生产储量,以及已开发概算储量。

(3)发现与开发成本滚动平均值。如上所述,如果所有开发成本发生以前已经计入了储量增量,发现与开发成本会产生波动,为克服此现象,可采用3~5年期的移动平均值,以反映费用支出的时间。滚动平均值与其说反映了某一年的发现与开发成本(短期表现),不如说更好地反映了储量接替的效率(长期表现)。在任何特定的一年,作业者可能面临各种与长期绩效不一致的风险和状况。

五、贴现投资回报率

贴现投资回报率是一个强大的盈利能力指标,也是重要的财务与对标分析工具,也常被称为"资本生产力指数"或"获利能力比率"。

贴现投资回报率等于增加储量的净现值除以实现该净现值所需的净投资金额(所有投资的净现值),反映每单位投资所增加的资产价值。其中的资产净值必须以市场分析为基础,而在此市场分析中必须采用行业贴现率和切合实际的现金流预测。

如果用于得出分子值(储量资产净值)的现金流中已计入投资,则贴现投资回报率为零时表明收益率等于现金流贴现所使用的贴现率。贴现投资回报率为正数时,说明收益率大于所使用的贴现率。相反,投资回报率为负数时,说明收益率小于所采用的贴现率,但并不一定代表亏损。

由于贴现投资回报率将货币的时间价值作为投资资本的函数,因此它是可用于对比投资方案和优先顺序的优秀指标。

六、油气资产减值测试

资产减值测试是指企业财务会计人员根据企业外部信息与内部信息,判断企业资产是否存在减值迹象,有确切证据表明资产确实存在减值迹象时,则需要合理估计该项资产的可收回金额。

资产出现减值迹象是资产需要进行计减值测试的前提。减值迹象主要包括以下几个方面:

(1)资产的市价当期大幅度下跌,其跌幅明显高于因时间的推移或者正常使用而预计的下跌。

(2)企业经营所处的经济、技术或者法律等环境以及资产所处的市场发生重大变化,从而对企业产生不利影响。

（3）市场利率或者其他市场投资报酬率在当期已经提高，从而影响企业计算资产预计未来现金流量现值的折现率，导致资产可回收金额大幅度降低。

（4）有证据表明资产已经陈旧过时或者其实体已经损坏。

（5）资产已经或者将被闲置、终止使用或者其实体已经损坏。

（6）企业内部报告的证据表明资产的经济绩效已经低于或者将低于预期，如资产所创造的净现金流量或者实现的营业利润（或者亏损）远远低于（或者高于）预期金额等。

（7）其他表明资产可能发生减值的迹象。

目前，较为通用的油气资产减值会计处理标准主要有两种：一种是由美国财务会计准则委员会（Financial Accounting Standards Board，FASB）提出的通用会计准则（generally accepted accounting principles，GAAP）会计处理要求；另一种是由国际会计准则委员会（International Accounting Standards Committee，IASC）提出的处理要求。

两种都认为当油气资产出现减值迹象时应对资产进行减值测试，主要差别在于判定减值迹象的条件和减值计提的处理方法。

FASB认为，当油气资产的未来现金流，即储量的预期未来净收入，在未折现前的累计值不小于资产的账面价值时，可不必减值；而IASC认为减值迹象的判断应是油气资产的净现值，即储量预期未来净收入的折现值，如果小于资产账面价值，即为减值。

其次，在减值的处理方面，FASB要求一旦发生减值，应以油气资产和储量净现值的差值计提减值，且已计提减值不可恢复。也就是说，即使当储量价值已经恢复，不存在减值迹象，也不可以将已计提的减值恢复到资产账面价值内。对应地，IASC对减值迹象判断很严格，但计提的减值损失可以在其他年度随着储量价值的升高而可能恢复资产的账面价值。

我国的会计准则与国际财务报告制度较为接近，但考虑到我国国情，关于资产减值处理部分，我国要求资产减值迹象判断采取资产账面价值与储量的净现值进行比较，对于资产减值损失的处理，则不允许已计提减值损失冲回。为此，我国油气公司在发生减值迹象时，要审慎处理油气资产减值。

第八章　证券市场油气储量信息披露

矿业经济的发展离不开矿业市场,矿业市场的健康发展需要一套完整的市场监管体系,而信息披露制度是证券市场行为规范与处罚追责的重要基础,在证券法律体系中居于核心地位,以美国为代表的发达经济国家和地区均采用以信息披露为基础的证券监管模式。本章选取美国证券市场、加拿大证券市场、中国香港证券市场,整理其油气储量方面的信息披露要求,以点代面帮助读者了解典型证券市场的相关要求。

我国实行股票发行注册制以后,以信息披露为基础的证券监管将承担保障市场有效运行的重要角色,本章从促进矿业市场健康发展的宗旨考虑,设计了一套较为完整的油气上市公司信息披露规范。

第一节　美国证券市场油气储量信息披露要求

一、美国证券监管法律法规体系简介

美国是联邦制国家,既有联邦法律也有州政府法律。证券监管立法最早是在1911年,堪萨斯州制定了有关管理证券的法律——《蓝天法》。随后其他州制定了各州的证券管理法。1929年美国股市崩盘,美国民众意识到需要有联邦政府制定的证券法来加强证券市场的管理,以弥补州证券法相互分割、无力相互支持的困境。美国于1933年颁布了《1993年证券法》。随后1934年,美国又制定了管理证券交易的《1934年证券交易法》。该法中规定成立联邦证券与交易所委员会(Securities and Exchange Commission,SEC),作为执行证券法的机构,对证券交易实际监督。从此,SEC正式开始执行证券监管工作。

美国既有州的证券法也有联邦的证券法,所以很长一段时间上市发行人要接受联邦与州政府的双重审核,且各州的证券法也各有不同。随着1956年美国律师协会公布《统一证券法》供各州自愿采用,各州的证券法逐渐趋向统一。1996年,《1996年全国性证券市场促进法》规定了纽约证券交易所、美国证券交易所、纳斯达克全国市场以及SEC认为上市标准达到签署交易所标准的其他全国性证券交易所上市的证券,豁免州注册义务,进一步改善了联邦与州政府层面双重审核的局面。因此,本节中关于美国证券市场信息披露要求,以美国联邦相关要求为基准。

证券信息披露要求在美国是属于法规(rule and regulation)层面的约定,油气储量信息披露要求主要集中在美国联邦法规中第17章第2节第210部分S~X条例和第229部分S~K

条例。其中S~X条例是关于财务信息披露要求,S~K条例是关于非财务信息披露要求。下面简要介绍美国证券市场油气储量信息披露的主要要求。

二、油气储量相关术语的规定

S~X规则中210.4~210.10条款,遵循联邦证券法和《1975年能源政策与节约法案保护法》的石油和天然气生产活动的财务会计报告,给出了油气储量及其相关的32个术语的定义和有关规定,其中包括证实储量、证实已开发储量以及证实未开发储量,具体定义如下。

证实储量是指通过地球科学和工程数据分析,在现行经济条件、操作方法和政府法规下,从某基准日到合同规定的开采末期(除非有证据表明延期是具有合理确定性的),无论采用确定性方法或概率法均被评估为可以从已知油气藏(该油气开采项目必须已经启动或者作业者确信项目将在合理的时间内动工)采出的、具有合理确定性的、经济可采的油气数量。

(1)证实的油藏面积包括:①由钻井证实和流体界面(如果已有流体界面)的限制确定,如果有的话,还包括②尚未钻井的油藏邻近部分,具有合理确定性,根据已有地球科学和工程数据可以判断为与现有油藏连通并具有经济可采石油或天然气的地区。

(2)缺乏流体界面数据时,利用钻遇的最低含烃界面(LKH)估算证实储量,除非地球科学、工程或生产数据和可靠技术能够建立一个满足合理确定性的更低界面。

(3)通过钻井直接观察确定了最高已知石油(HKO)海拔深度和可能存有伴生气顶时,只有在根据地球科学,工程或动态资料和可靠的技术能够建立了一个满足合理确定性的更高界面时,高于最高已知油(HKO)之上的油藏部分储量估算为证实储量。

(4)通过应用提高采收率技术(包括但不限于流体注入)增加的经济可采储量能被作为证实储量的条件如下:①已在比目标油藏总体物性差的油藏中成功进行了先导试验,在本油藏或者类比油藏已实施了开发方案,或有其他证据表明以可靠技术为基础对确定的方案开展工程分析具有合理的确定性;②开发项目已获得必要的相关人员和实体(包括政府机构)的批准。

(5)现有的经济条件包括确定油藏经济产能的价格和成本。除非合同中已经规定了价格,否则价格应是报告截止日期前12个月的平均价格,由该期内每月第一天的价格采用未加权算术平均法计算,不考虑未来价格和成本上涨。

证实已开发储量:在通过油、气井开采油和气的项目中,通过现有井和现有设备及操作方法预计能够采出的具有合理确定性的、经济可采的油气数量;及在通过其它方法开采油和气的项目中,利用储量估算时建立和采用的方法预计能够采出的具有合理确定性的、经济可采的油气数量。已开发储量包括正生产储量和未生产储量,未生产储量又包括关井和管外储量。

证实未开发储量:预期从未钻开发井地区的新井中,或需要支付相对多的费用进行重新完井才能够采出的储量。

(1)未钻井区域的储量应限于在具有合理确定性产能的已钻区外推一个开发井距范围的地区,除非应用可靠技术能证明在更大的范围内具有合理确定性的经济生产能力。

(2)未钻井点只有在采用的开发方案中计划五年内开钻才能归为未开发储量;除非情况

特殊,证明更长的时间是合理的。

(3)不能将计划进行流体注入或其他提高采收率技术的地区归为未开发储量,除非目标油藏的储层物性总体优于类比油藏,此种技术在类比油藏中已被实际项目证明是有效的,或通过其他可靠技术的应用建立合理确定性的证据。

三、证实储量的披露规定

S~K规则中的229.1202和229.1203条款给出了关于油气证实储量的披露要求。

首先要求披露包括国家石油、天然气、合成油相关内容,共同组成储量汇总表,包括证实储量、证实已开发储量、证实未开发储量3个明细分类。发行人可自行选择是否披露概算已开发储量、概算未开发储量以及可能已开发储量、可能未开发储量。

其次是对编制储量报告或审计报告的披露。要求披露上市发行人在储量评估工作中使用的内部控制。要求披露主要负责监督编制储量估算的技术人员的资格,如果上市发行人采用第三方储量审计,则披露主要负责监督该储量审计的技术人员的资格,且第三方报告应作为附件提交给SEC。同时需要披露第三方报告的相关信息,包括报告目的、报告生效日期和完成日期、报告评估的储量占发行人总储量的比例及所涉及的地理区域、报告中使用的各类假设数据及方法等。

再次是可自行选择批露储量敏感性分析。对披露的证实储量、概算储量、可能储量按照产品类型在不同价格条件下进行敏感性分析。

最后是对于证实未开发储量的披露要求。要求披露证实未开发储量总数;披露年内发生的证实未开发储量的重大变化,包括证实未开发储量转化为证实已开发储量;要求陈述年内为将证实未开发储量转换为证实已开发储量而进行的投资和取得的进展,包括但不限于资本性支出;要求解释为什么个别油田或国家的大量证实未开发储量在公布后5年或更长时间仍未开发的原因。

第二节 加拿大证券市场油气储量信息披露要求

加拿大是联邦议会制国家,实行双重政体,即联邦政府和省政府。省政府的立法主要是规范私人和公司的活动,证券监管归属于各省政府立法范畴。加拿大由阿尔伯塔省、不列颠哥伦比亚省、曼尼托巴省、新不伦瑞克省、纽芬兰和拉布拉多省、新斯科舍省、安大略省、爱德华王子岛省、萨斯喀彻温省、魁北克省、西北地区、努纳武特地区、育空地区10个省和3个地区构成,各地方有各自的政府机构负责证券监管。

为更好地在加拿大全国范围内统一证券监管,这13个地方监管机构联合组建了加拿大证券管理局,简称CSA。CSA致力于制定在全国范围内一致的政策和法规,通过组织和协调各地方监管机构在规则、法规等方面的合作,便于市场参与者只需要遵守一套统一的法律,就可以进入相应的司法管辖区的市场。国家证券文书(National Instrument,NI)系列文件法规为CSA认可的在加拿大全国适用的证券监管法规,其中编号为NI51-101的监管文件即为石油和天然气活动披露标准。以下简要介绍NI51-101的主要要求。

一、年度申报文件要求

证券法要求,上市发行人必须在其提交最近一个财务年度报表之前,向证券监管机构提交3个文件:《储量数据与相关信息表(51-101F1)》、《储量评估或审计报告(51-101F2)》、《管理层及董事会报告(51-101F3)》。

三者之间的关系是,51-101F1表格中披露的储量及资源量等相关数据,必须是经由51-101F2报告评估或审计的;51-101F3报告中要明确说明管理层对51-101F1数据和51-101F2报告的了解,并对其结果负责。

51-101F1表格中的储量或资源量定义必须使用SPEE卡尔加里分会编制的《加拿大石油和天然气评价手册》中规定的适用术语和类别进行披露,且必须归类为最具体的储量类别或资源量类别。

51-101F2报告由一名或多名合格的储量评估师或审计师完成,所有评估师或审计师均独立于报告发行人。评估或审计范围要求:评估或审计至少75%的51-101F1表中数据的证实加概算储量,以及使用10%的贴现率计算的未来净收入及净收入余额;评价或审计51-101F1表中报告的C级资源量或远景资源量数据。评估/审计报告是根据SPEE卡尔加里分会编制的《加拿大石油和天然气评价手册》。

"合格储量审计师"是指符合以下条件的个人:就特定储量数据、资源或相关信息而言,具备适合估算、评价、检查及审计储量数据、资源及相关信息的专业资格和经验,且是专业组织信誉良好的成员。

"合格储量评估员"是指符合以下条件的个人:就特定储量数据、资源或相关信息而言,具备适合估算、评估及检查储量数据、资源及相关信息的专业资格和经验,且是专业组织信誉良好的成员。

51-101F3文件中涉及的管理层及董事会成员包括首席执行官和两名董事会成员代表。

通过以上3个文件,加拿大证券管理机构对储量及资源量数据提出了严格的管控要求:首先上市公司必须披露储量的相关信息;其次评估报告必须由独立专业人士完成;第三上市公司的管理层必须对披露的储量资源信息负责。

二、申报发行人(上市公司)及董事的责任要求

申报发行人的责任:一是必须委托一名或多名独立于公司的合资格的储量评估师或审计师;且评估师直接向董事会报告其评估的储量资源量数据。

董事会的责任:审查申报发行人选择独立评估师的任命程序并处理相关程序执行过程中的争议;定期检查申报发行人为独立评估师提供资料的程序;与独立评估师见面,确认是否有任何限制会影响评估师毫无保留地报告资源储量数据,或有资源数据或潜在资源数据的能力;审查独立评估报告并批准对评估数据的披露。

如果董事会下设有储量委员会,董事会可将上述相关责任委托给储量委员会负责,但"审查独立评估报告并批准对评估数据的披露"责任是不可移交给储量委员会,必须由董事会亲自完成。同时,董事会对储量委员会的独立性提出明确要求。

储量委员会成员要求;在过去12个月内不是或从未是报告发行人或报告发行人关联公司的高级管理人员或雇员;在过去12个月内不是或从未是实际拥有报告发行人10%或以上已发行有表决权证券的人;或上述人员的亲属,并与该人居住在同一家中;以及没有任何可以合理地视为妨碍其独立判断的业务或其他关系。

第三节　香港证券市场油气储量信息披露要求

香港证券交易所发布的《主板上市规则》第十八章"矿业公司"明确要求上市油气公司在首次公开发行证券、拟收购或出售油气资产,以及年度信息披露时,需披露储量信息。以下介绍香港证券交易所对上市公司储量信息的披露要求。

对首次公开发行、重大油气资产交易、重大油气发现情况下的储量信息披露,香港证券交易所要求必须披露合资格人士提交的储量报告。

一、合资格人士

合资格人士必须满足以下要求:

(1) 在石油勘探类别、储量估算以及油气公司正在进行的活动方面有至少5年的相关经验。

(2) 具有专业资格,并属于与行业的相关、公认的专业组织中一名声誉良好的成员;而其所属司法管辖区是本交易所认为其法定证券监管机构已与证监会订有令人满意的安排(形式可以是国际证监会组织的《多边谅解备忘录》或本交易所接受的其他双边协议),可提供相互协助及交换信息,以执行及确保符合该司法管辖区及香港的法例和规定。

(3) 对合资格人士报告承担全部责任。合资格人士必须独立于油气发行人、董事、高级管理人员及顾问。具体来说,所聘任的合资格人士必须符合下述各项:①在所汇报的资产中无任何(现有或潜在的)经济或实益权益;②其酬金不得取决于合资格人士报告的结果;③就个人而言,合资格人士不得是发行人或其任何集团公司、控股公司或联营公司的高级人员、雇员或拟聘任的高级人员;④就机构而言,合资格人士所在机构不得是发行人的集团公司、控股公司或联营公司;机构的合伙人不得是发行人任何集团公司、控股公司或联营公司的现任或拟聘任的高级人员。

合资格人士的额外规定,合资格人士还必须符合以下要求:①拥有至少10年一般石油的相关近期经验;②拥有至少5年石油资产或证券评估或估值的相关近期经验;③持有所有必需的许可证。

二、合资格人士报告及估值报告的范围

合资格人士报告必须符合港交所要求的报告准则,以及必须符合下述各项:①以油气公司或上市发行人为收件人;②其有效日期(指合资格人士报告或估值报告内容有效的日期)是在根据上市规则刊发上市文件或相关须予公布交易通函日期之前不超过6个月;③说明在编制合资格人士报告或估值报告时选用了哪个报告准则,并阐释任何偏离相关报告准则的情况。

三、免责声明及补偿保证

合资格人士或合资格估算师必须在合资格人士报告或估值报告的显要位置披露发行人所提供的所有补偿保证的性质及详情。一般而言,依据发行人及第三方专家所提供的资料(如涉及合资格人士或合资格估算师专业范围以外的资料)而作补偿保证可以接受,对欺诈及严重疏忽的补偿保证则一般不可接受。

四、石油资源量或储量报告准则

油气公司披露石油资源量及储量的资料,必须符合下述其中一项准则。
(1)PRMS(经香港交易所18章修订)。
(2)本交易所接纳的其他规则,但前提是,该规则须令本交易所确信,其在披露及充分评估相关资产方面均具相等水平。

需要注意的是,应用于特定资产的报告准则必须贯彻使用。
油气公司必须确保:
(1)若披露储量估算,须同时披露所选用估算方法(即PRMS所界定的"确定"或"概率"方法)及背后原因。若选用"概率"方法,必须注明所用的相关可信度。
(2)若披露证实储量及证实加概略储量的净现值,应按税后基准以不同折现率(当中进行评估时适用于有关实体的资本的加权平均成本或可接受最低回报率须反映在内)或固定折现率10%呈列。
(3)将证实储量及证实加概略储量做独立分析,并清楚注明主要的假设(包括价格、成本、汇率及有效日期)及方法基础。
(4)若披露储量净现值,以预测价或常数价格作为基础情况呈示。预测情况的有关基准须予披露,常数价格是在报告期完结前12个月内每月首日收市价的非加权平均数,按合约约定的价格除外。预测价格被视为合理的数据基础亦须披露;就储量估值预测及盈利预测而言,提供有关价格升跌的敏感度分析,所有假设必须清楚披露。

需要注意的是,根据PRMS,在预测的情况下,投资决定所依据的经济评估是按照有关实体对整个项目期内的未来状况(包括成本及价格)的合理预测为基础。
(5)若披露后备资源量或推测资源量的估算储藏量,须注明相关的风险因素。

需要注意的是,根据PRMS,每提及后备资源量的储藏量,风险是表达为储藏量可作商业开发并逐渐发展为储量级的机会。每提及推测资源量的储藏量,风险则表达为潜在储藏量可能提供发现大量石油的机会。
(6)可能储量、后备资源量或推测资源量没有附以经济价值。
(7)若披露未来净收入的估算(不论是否以折现率计算),必须在显眼位置披露,所披露的估算值并不代表公平市值。

五、石油资产的估值报告

油气公司必须确保:
(1)其石油资产的任何估值报告均是根据《VALMIN规则》《SAMVAL规则》或

《CIMVAL》，又或是本交易所批准的其他规则编制。

（2）合资格估算师必须清楚注明估值基础、相关假设以及为何视某种估值方法最为合适，当中顾及估值的性质及石油资产的发展状况。

（3）若使用超过一种估值方法而得出不同估值结果，合资格估算师必须说明如何比较各个估值数字，以及最后获选用者被选上的原因。

第四节　美国、加拿大、中国香港地区的证券信息披露的储量评估要求对比

综上，对美国、加拿大、中国香港地区的证券市场信息披露要求进行横向对比，分别从披露的储量类别、评估准则、是否独立评估要求、评估人员资质要求四个方面比对，见表8-1。

表8-1　三大证券市场信息披露要求对比

地区	储量类别	评估准则	是否独立评估要求			评估人员资质要求
			首次公开发行	重大信息披露	年度信息披露	
美国	必须披露证实储量，可选择披露可能储量、概算储量	美国证监会发布的要求	无明确要求	无明确要求	无独立评估要求	合资格人
加拿大	允许披露各级别储量和资源量	《加拿大油气评估手册》	独立第三方	独立第三方	75%的净收入对应的储量必须由独立第三方评估或审计；全部资源量必须由第三方评估或审计	合资格人
香港	允许披露各级别储量和资源量，必须披露证实储量，及证实储量加概算储量	PRMS规则	独立第三方	独立第三方	无独立评估要求	合资格人

第九章 矿业市场油气储量评估管理体系及信息监管机制

由于油气储量评估固有的不确定性及较强的专业性,为保证储量数据的公正、完整、科学、合理,各国都建立了配套的储量评估管理制度与信息监管机制,用以保证储量分类与评估的贯彻执行。美国、俄罗斯、加拿大、英国等主要矿业市场大国均采用国家管理机构与行业组织共管的模式。上市油气储量信息披露由政府部门管理,体现了对公众负责,以及国家在储量管理与信息审查中的主导作用,例如美国证券交易委员会(SEC)、俄罗斯联邦储量委员会(GKZ)、加拿大证券管理局(CSA)、英国金融行为管理局(FCA)。其中美国政府设立专门办公室审查上市油气公司披露的储量信息,储量评估人员的业务水平、职业道德、行为规范等评估管理方面,则由半政府或行业组织负责,例如美国各州职业工程师管理委员会、加拿大各省职业工程师协会。俄罗斯则采用"一套人员、两种机构职能"的方式,即在联邦储委会增加一个行业组织来管理矿业市场油气储量。

国家管理机构与行业组织共管模式既体现了政府在公共服务中的监管、指导作用,又体现了行业的专业监督、自律作用,同样可为我国矿业市场油气储量评估管理与监管机制的设计提供非常有价值的参考。本章将结合我国现有的行政管理体制机制,研究适合国内矿业市场特点的矿业市场油气储量评估管理体系及信息监管机制。

第一节 国际矿业市场油气储量评估管理体系介绍

在发达国家,储量在矿产资源经济中发挥着重要的作用,政府和社会公众对储量的管理都非常重视。伴随着市场经济的发展,储量管理体系逐步完善,特别是世界储量交易最为发达的美国,更是建立了一整套的管理体系,从而保障了矿产资源开发的有序进行,促进了资源的合理开发和利用。

美国目前拥有18 000余家油气企业,年储量交易约占世界交易量60%,是全球首个要求上市公司进行储量信息披露的国家,上万家企业以储量为基础进行股份合作、社会融资、银行借贷等。同时,储量评估结果也被美国的内政部、能源部、财政部、国税局、证监会等机构用于能源规划、油气资产评估、税收征管等政府管理,是储量应用最广泛的国家。本节主要介绍美国的储量管理体理。

美国储量管理体系是随着矿产资源的市场利用与交易逐步建立并完善的,从矿产管理角度出发,基于对资源储量的全面管理,美国建立了一套完整的油气资源储量管理体系,它由四部分构成,包括完整的储量分类框架、明确的储量分类应用、系统的储量评估规则,以及严格的储量评估管理。

一、储量分类框架

美国的矿产资源储量总分类框架由美国地质调查局于1976年首次发布,其发布的起因是当时资源储量的各类定义较为混乱,有来自于专业协会,有来自与企业界,也有来自于政府管理部门的,以及学术研究单位的,不利于储量被公众理解和广泛化应用。

为了准确地使用矿产资源术语和方便对比资源数据,美国地质调查局综合考虑了政府部门对于资源长期规划以及社会公众对于储量商业开发的需求,从地质认识程度和经济性角度将资源储量进行划分,统一了资源量、储量的定义,厘清了各分类间的关系,该分类原则被美国政府部门、企业界、学术界广泛认可和应用。该分类框架如图9-1所示。

累计产量	已发现资源量			未发现资源量	
	验证的		推测的	发现概率或	
	探明	控制		潜在	推断
经济的	储量		推测储量		
边际经济	边际储量		推测边际储量		
次经济	次经济储量		推测次经济储量		
其他事件	包括非常规和低级别材料				

图9-1 美国矿产资源储量总分类框架

该分类框架明确了资源是未来预期可采出的地下油气矿产,储量是当前条件下可经济采出的资源。

根据勘探发现成果,将原始资源量分为已发现资源量和未发现资源量。根据类比和地质研究,未发现资源进一步划分为潜在未发现资源和推断未发现资源。

根据钻遇和地质认识程度,已发现资源进一步划分为验证的与推测的已发现资源,其中验证的已发现资源量根据油气生产测试,可进一步划分为控制资源量和探明资源量。

对于验证的已发现资源量,根据经济性划分为储量、边际储量、次经济资源量。

二、储量分类应用

资源储量在政府管理、市场经济活动中被广泛应用,美国内政部、能源部、证监会、国税局、财政部等政府部门参考资源储量分类框架,根据各自的管理需求定义并应用某些类别的资源或储量。

美国内政部：内政部地质调查局针对资源管理，使用未发现资源、推测储量分类。另外，由美国内政部牵头，能源部、农业部参与完成的国家资源报告，包括产量、储量、推测储量、未发现资源量等内容，提交众议院用于年度咨询，内政部土地局用于土地规划、矿业权招标、商业开发，同时面向公众发布。

美国证监会：使用储量分类中的证实储量、概算储量用于上市信息披露。

美国财政部：使用储量分类中的证实储量进行油气资产减值测试和资产折耗计算。

美国国税局：以储量为基础计量应纳税额。

美国银行界：允许用各级别储量进行抵押贷款，根据储量级别分别确定贷款额度、贷款利率、还款期限等。

三、储量评估规则

美国各政府部门根据本部门的储量应用要求，分别制定相应的评估规则，以保证评估结果的客观合理，满足目标需求。

美国证监会发布了《财务信息披露内容与格式条例》(Regulation S-X)和《非财务信息披露内容与格式条例》(Regulation S-K)，规范上市公司信息披露的储量评估。

美国国税局发布了《国内税收政策指南－4.41.1 油气税收指南》，指导国内油气公司计算与税收有关的储量。

美国财政部发布了《美国通用财务会计准则》，指导油气资源类企业计算以储量为基础的资产减值与折耗。

根据《美国能源法》和《美国能源政策与保护法案》，美国地质调查局每年编制国家资源报告。

根据《联邦能源管理法案》，美国能源信息署采集国内油气公司的储量相关信息。

四、储量评估管理

油气储量评估存在固有的不确定性，评估结果容易受到外界的质疑，要使储量评估在经济活动发挥作用，被各利益方所接受，必须保证储量结果的客观合理性。美国把保证评估结果的客观、合理作为储量管理的核心要务。美国在储量评估管理中的经验包括严格的人员职业道德、资质管理和执业过程管理；鼓励独立第三方评估和审计；促进利益相关方的相互监督；利用大数据和专家经验数据库作为技术手段开展有效监管等。

由于评估师在保证评估结果的合理性与客观性方面负有重要责任，为此，美国对储量评估人员和评估机构制定了严格的管理要求，包括职业水平、职业道德、执业资质、执业管理与处罚、继续教育等方面都有明确规定，并依法严格执行。

由于储量评估会影响到公众利益，在美国各州的储量评估师都接受州专业工程师委员会管理。州专业工程师委员会是政府委托的专业机构，其主席及主要决策人员由州长任命。从事涉及公共利益的专业工程师和服务机构必须在该机构登记。

州工程师委员会依法发放个人执业许可证和机构执业许可证，并对其进行执业管理，接受各类投诉并组织调查、予以处罚，包括停业整顿、吊销执照、禁止终身执业、配合法庭诉讼等。

州工程师委员会对评估人员不仅要求其技术工作能力,而且对行为准则和道德规范也有严格要求,包括对国家、社会和公共利益的责任;对客户、任职的评估机构的责任;注册评估师及机构的责任等。

对于涉及到公众利益的储量评估,监管机构一般要求第三方独立评估。没有明确要求第三方评估的情况,一般也会明确说明第三方评估的可信度更高。

相关利益方的监督是对储量评估最有效的监督。美国在制定相关政策时都考虑各利益方的监督机制。管理机构要求评估报告必须注明评估人及机构,接受行业内人员的监督。依法允许中小投资者可以对虚假披露信息进行集体诉讼。这也是保证储量评估客观性的重要手段。

油气公司出于不同利益考虑,有时倾向于高评估值,有时倾向于低评估值。利用多方校验,可以判断评估结果的合理性。美国政府注意利用信息技术手段提高储量管理水平,整合各方面的储量相关信息,如储量交易信息、证券市场披露信息、内政部生产信息、纳税计算的储量信息、企业上报储量信息与资源评估等进行对比分析,判断评估结果的可靠性。监管机构通过建立经验数据库和知识库,提高监管效率和质量。

五、小结

通过研究美国的分类评估体系发展历史和应用情况,得到如下认识:

(1)发达国家在油气储量方面已经建立了比较完善的分类评估体系,标准体系持续完善,保持与社会经济协调发展。

(2)储量在油气经济活动中扮演了重要的纽带作用。

(3)在统一分类框架下,结合不同的应用目的建立相应的评估规则,储量评估规范有序。

(4)分类评估规则用途清晰明确,是各方利益广泛协调一致的产物。

第二节 我国矿业市场油气储量管理现状

一、我国矿业市场油气储量管理现状

在我国自然资源部矿产资源保护监督司承担油气储量政府管理职责。具体包括,拟订矿产资源储量法规和政策,储量登记、统计及其信息化系统建设和管理;负责储量估算技术、方法的监督管理及储量评审的监督管理;组织拟订储量标准、储量评审的管理办法、准则、规则;负责规范和监管储量评审(估)等中介组织、人员,依法查处违法行为。

油气储量政府管理经历了评审认定、评审备案等阶段。

1999年3月,原人事部和原国土资源部发布了《矿产储量评估师执业资格制度暂行规定》对我国矿产储量评估师的管理作出了规定,确定取得矿产储量评估师执业资格证书的人员,方可受聘承担储量评审业务;矿产储量评估师执业资格制度属职业资格范畴,纳入专业技术人员执业资格制度的统一规划,由国家确认批准。国土资源部负责矿产储量评估师执业资格制度的组织实施工作,人事部负责进行监督、检查。

1999年7月,国土资源部、国家计委、国家经贸委、中国人民银行、中国证监会联合发布了

《矿产资源储量评审认定办法》，对油气储量的评估管理给与了较为系统和原则性的规定。国家对油气储量管理采取评审认定制度，石油、天然气储量由具有资格的独立法人地位的专业评审机构统一评审，国土资源部负责评审结果的认定。国土资源部是油气储量的政府管理机构，负责管理油气储量评审机构和矿产储量评估师；要求评审机构在进行储量评审时应当参照国家发布的矿产资源储量分类标准和国家或有关部门发布的矿产资源储量技术标准。

1999年9月，经国土资源部矿产资源储量司发布了《石油天然气探明储量报告评审认定工作的有关要求》，明确要求严格储量申报程序，规范行文要求，保证各环节工作质量和工作效率，同时明确了石油天然气探明储量报告评审认定工作的有关事项，包括申报时间、评审方式、申报材料等。

2000年2月，为了规范矿产储量评估师执业行为，加强对矿产储量评估师的管理，国土资源部发布了《矿产储量评估师管理办法》。规定取得矿产储量评估师执业资格人员，应参加国土资源部统一组织的执业资格培训；矿产储量评估师执业资格实行注册登记制度。国土资源部为注册管理机构；矿产储量评估师受聘执业期间的考核工作，由相应的矿产资源储量评审机构负责。受聘的评估师应提供年终个人评审工作总结，评审机构提供考核意见，报相应注册机关备案；列举了各种违规行为，国土资源部负责对违规行为进行处罚。

2001年6月，为加强对矿产资源储量评审机构资格的管理，国土资源部发布了《矿产资源储量评审机构资格管理暂行办法》，规定：

(1)凡在中华人民共和国领域及管辖海域，从事矿产资源储量评审业务的机构，必须依照本办法的规定，取得矿产资源储量评审机构资格。

(2)有关机构应向国务院地质矿产主管部门提出矿产资源储量评审机构资格申请，经审查认定资格并领取矿产资源储量评审机构资格证书后，方可成为矿产资源储量评审机构。

(3)国务院地质矿产主管部门是矿产资源储量评审机构资格的管理机关，负责统一认定矿产资源储量评审机构资格，颁发矿产资源储量评审机构资格证书，并确定评审业务范围。

(4)文件中还规定了储量评审机构应具备的条件，从事矿产资源储量评审业务，应遵守的规则及违规处罚。

2003年5月，为落实《国务院关于取消第一批行政审批项目的决定》，国土资源部发布了《关于加强矿产资源储量评审监督管理的通知》，要求：国土资源行政主管部门对矿产资源储量评审不再进行认定，设立备案管理制度；矿产资源储量评审机构在完成评审后，应及时将评审意见书和相关材料报国土资源行政主管部门备案；国土资源行政主管部门应对评审机构报送的评审意见书和相关材料，就评审机构、评审专家及评审程序等进行合规性检查，对符合要求的，出具备案证明。

2016年6月，国务院常务会议决定取消矿产储量评估师资质认定。

2021年1月，人力资源和社会保障部发布公告，公示《国家职业资格目录》，矿业权评估师列入《国家职业资格目录》。

2022年5月，自然资源部发布《矿业权评估师职业资格制度暂行规定》和《矿业权评估师职业资格考试实施办法》(自然资发〔2022〕84号)。

综合我国有关储量管理的不同时期的文件，我国目前的储量评估管理体系是：油气储量评估管理采用评审、登记制度，油气企业自行评估，自然资源部油气储量办公室负责评审，自然资源部负责登记和监管。油气储量分类采用 2020 年发布的《油气矿产资源储量分类》(GB/T 19492—2020),储量评审技术标准采用 2020 年发布的《石油天然气储量计算规范》(DZ/T 0217—2020)等 10 个行业标准。

二、我国矿业市场油气储量管理存在的问题

综合对比我国现有的储量管理体系与油气公司以及矿业市场储量应用现状,现有的储量管理体系存在以下几方面的问题。

(1)在经济领域已广泛使用的储量类别在国家的储量分类中没有出现,现有的储量分类已不能满足油气公司对油气资产的管理和市场经济发展的需要。

(2)对于已经开始应用油气储量的领域,现有的技术标准规范不能满足应用部门的需要,使得这些领域的储量评估工作无标准可依。

(3)按照五部委《矿产资源储量评审认定办法》(国土资发〔1999〕205 号)的文件精神,证券、银行借贷、国企合作的油气储量,由国土资源部负责评审认定,2019 年矿产资源储量管理制度改革后,政府积极构建矿产资源储量市场服务体系,不再直接对油气市场储量进行评审。

第三节 完善我国矿业市场油气储量管理体系

我国石油资源的可采量 301 亿 t、天然气资源可采量 50 万亿 m^3,按每桶 10 美元计算,潜在市场价值高达 30 多万亿人民币,油气储量的应用涉及到国民经济的多方面,如何管理好这个庞大的资源,需要有关部门科学设计。在社会主义市场经济体制下,我国的油气储量管理要调动和发挥自然资源主管部门、相关领域的监督管理部门、有关油气储量企事业单位及行业协会的作用。

自然资源主管部门要建立全国统一的油气储量分类框架,规范储量的分类与定义,厘清各类储量之间的关系,组织企事业单位或行业协会编制技术指南,承担油气储量评估监管的职任。

各监督管理部门需根据油气储量的用途编制相应的储量评估规范、报告规范以及监管要求等。不同的应用目的对油气储量评估的要求不同,对评估机构的要求也不同,有的要求第三方独立评估,有的可以企业自评估、由第三方审计;对于评估参数取值,有的要求客观合理,有的偏向保守,对应用的储量类别、评估参数都会有不同的要求,报告规范也不同,监管的重点、时间、方式也有不同的要求。

——对于油气储量政府管理应用。政府对油气储量管理涉及的储量类别包括探明、控制、预测地质储量,主要任务是摸清油气资源家底、掌握油气储量的动用和开采程度,提高矿产资源供应保障能力和资源节约集约与开发利用水平。对于油气储量在政府部门的应用,目前企业评估、政府部门评审备案的方式较为适合。需要建议的是,在评审过程中要加强管理,在技术方面包括企业评估的客观性、评估过程的合规性、以及评估参数的可靠性,通过抽样等方式,进行评估结果与油气储量动用情况或生产情况的对比分析;在管理方面,对于在评审过程中发现的问题,对责任人和单位进行问责处罚,以保障评审备案工作的严肃性。

——对于油气储量市场应用。由于储量评估结果直接影响公众利益和其他相关方的利

益,为保障评估结果的客观性、独立性,应建立和推行市场化评估机制,并根据储量结果的应用目的制定相应的监管措施,以保证储量评估的结果具有广泛的公信度,能够被社会公众和经济界人士信任和接受。

在第三方评估机构的各方面条件基本具备,建设具有可行性的前提下,可初步建立矿业市场油气储量评估的生态系统,其中极其重要的部分是监管体系的设计。一个健全的储量管理体系应该具备四个方面的特征:较为完整地反映储量的自然客观属性、规则可操作性强、可有效监管、具有纠错机制。完善的监管体系可以促进评估市场的健康、有序发展。

国外油气储量评估监管体现了监管机构的有形监管以及市场的无形监管两种力量,两种力量相互补充。目前,我国油气储量市场尚未完善,配套法规制度尚不完善,市场上各种机构之间的联动尚不密切,信用体系尚不完备,因此市场监管力量不够强大,需要建立一套强有力的有形监管体系。这套体系中包括权威、负责的监管机构,以及清晰、完备的管理规定。

国外的有形监管采用监管法律加一级监管机构的方式,即通过各级立法机构制定监管法律,根据法律建立监管机构并授权该机构进行监管,在权限范围外的事宜,则根据刑法、民法等法律由法院通过诉讼予以处理。根据我国行政管理模式以及简政放权的行政改革方向,可以考虑两级结构,如图9-2所示。

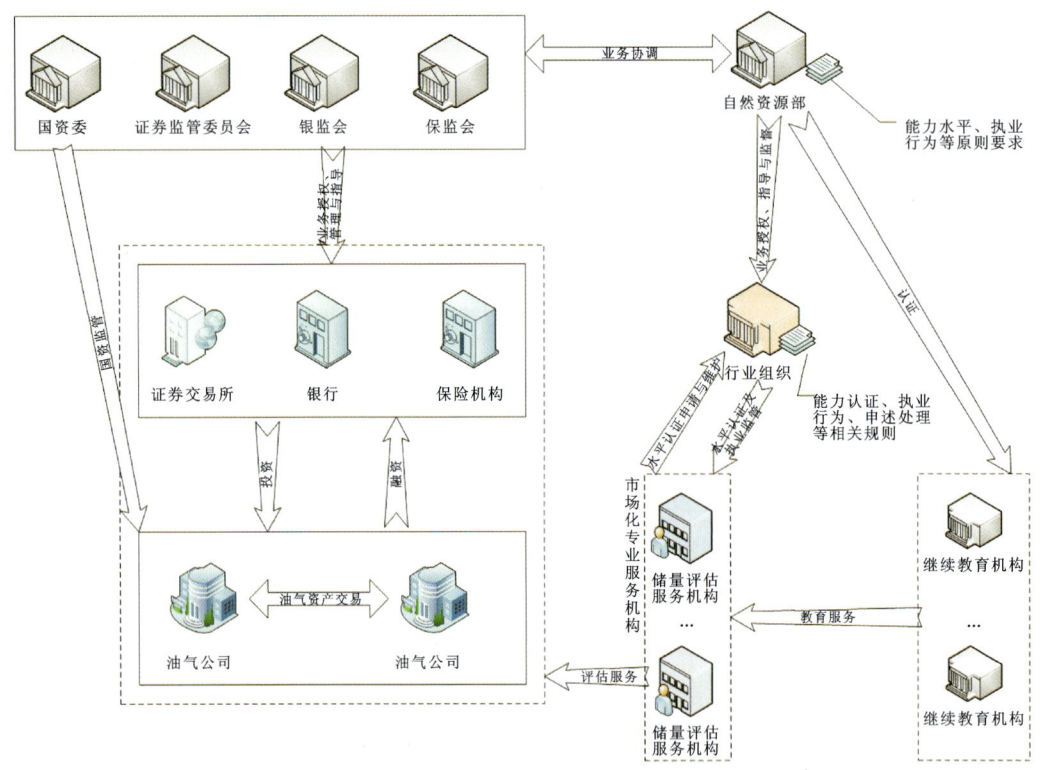

图 9-2 监管模式的两级结构

相关的机构包括自然资源部以及矿评协。

自然资源部作为行政管理机构,负责制订相关法规或制度,对油气储量市场的监督管理做出原则性要求机构,同时制定并发布相应的行业或国家标准;与其他政府机构(如国资委、证监会、银监会、保监会等)进行沟通协调,监督矿评协对评估机构和人员的监管行为。

矿评协作为行业自律管理机构,负责制定行业自律管理制度和标准、准则、规范;实施矿业权评估师职业资格制度,开展矿业权评估师职业资格考试、继续教育;开展评估机构和评估人员职业能力评价、信用评价和行业自律管理;开展评估人才队伍建设,开展国际交流与合作;定期向自然资源部汇报机构、人员及行业自律管理情况。

第四节 关于油气储量评估第三方评估机构建设

石油是世界各国经济发展最重要的战略性资源之一,关系到国民经济的发展以及国家安全。随着我国经济的高速发展,对石油的需求不断增加,2015年4月,我国石油进口量达740万桶/日,超过了美国720万桶/日的纪录,创历史新高,成为世界最大石油进口国。

为支撑国民经济的发展,我国油气行业将更加依赖目前以市场为导向的全球体系。在这种大环境下,对外,我国油气公司走出去,充分参与国际油气资产(区块)交易,科学、合理地经营国际油气资源;对内将逐步开放油气勘探、开发、生产市场,允许民间资本参与油气资源的勘探与开发,这样不仅拓展民间资本的投资渠道,使其更好地为国民经济发展发挥作用,而且可引入更多的竞争,提高国内油气资源的开发利用效率。无论是中国企业走出去,还是国内油气资源的开放,均需要以客观、合理的油气储量信息为基础,采用独立第三方评估的方式,这是国际上保证储量信息客观、合理性的通行做法。以下从第三方评估的需求、现状来分析第三方评估的可行性。

一、第三方评估的需求分析

1. 国际交易

我国中石油、中石化、中海油三大国有石油公司自20世纪90年代以来,积极参与国际油气资产(区块)的交易。例如,2009年7月,中海油与中石化以13亿美元联合收购美国马拉松石油公司持有的安哥拉石油区块20%的权益;2013年2月26日,中海油以151亿美元收购加拿大能源企业尼克森公司。

除国有石油公司外,民营企业也积极参与海外油气资产的投资、收购。例如美度控股拥有美国德州东部WAL油田100%的权益,广汇能源拥有哈萨克斯坦东部斋桑地区TBM油田52%以及南部ACG油田51%的权益,海默科技以2750万美元收购美国Carrizo公司拥有的Niobrara页岩油气开发项目权益的14.285 7%等。

与其他类型资产的交易不同,油气资产的价值体现在其储量/资源量及其可产生的未来现金流,储量是资产作价的基础,因此储量评估是必不可少的工作。在以往的实践中,我国企业一般会聘请外国的评估机构进行储量评估,缺乏话语权,因此有必要建立我国的第三方油气储量评估机构,助力于我国企业的海外油气资产交易。

2. 国内交易

根据我国《矿产资源法》，我国矿产资源全部为国有，采掘企业通过矿业权（探矿权、采矿权）使用享有矿产产品的权益。目前，固体矿产的矿业权可以自由交易流转，为满足市场需要，出现了一批固体矿产储量的第三方评估机构，在国内固体矿产的交易中发挥着重要作用。

随着十八届三中全会的召开，党中央明确将经济体制改革作为全面深化改革的重点，强调市场在资源配置中的决定性作用，减少政府对资源的直接配置，而政府应在保障公平竞争、加强市场监管、维护市场秩序、弥补市场失灵等方面发挥应有作用。在这种思想指导下，矿产资源的主管部门正在探讨油气行业市场开放问题，并研究制定具体的政策、法规及执行办法。因此可以预见，在不久的将来油气矿业权可能在国有企业之间、国企与民企之间、民营企业之间流转，而这种市场化矿业权流转需要市场化的第三方机构提供客观、公允的储量评估服务。

3. 合资

十八届三中全会决议中提出"积极发展混合所有制经济"，国有资产主管部门探讨并推进国有资本、集体资本、非公有资本等交叉持股、相互融合的混合所有制经济。混合所有制有利于各种所有制资本取长补短、相互促进、共同发展。在不久的将来，市场上将出现大量国有与非国有资本合资的油气企业，而建立这样的企业时，首先需要明确合资公司的股本结构以及各方权益，除货币、其他实物投资外，各方持有的油气储量也是投资的重要表现，客观、合理的储量评估则成为合资的前提工作之一，因此同样需要第三方机构提供客观、公允的储量评估服务。

4. 融资

油气行业是一个"高风险、高回报"的行业，在油气勘探、开发中需要大量的资金，无论油气企业规模如何，均存在一定的融资需求。目前在我国，主要的融资渠道包括股票融资及银行借贷。

对于在国内股票交易市场上市的油气公司，公司应按照要求向投资者披露信息。披露信息分为财务信息和非财务信息，其中不同公司需要按照相同内容、格式要求披露财务信息，此类信息一般由专业的会计事务所准备或审计，而非财务信息则包括针对不同行业的特殊要求。对于油气公司而言，油气储量直接影响油气资产的折旧、折耗与摊销，进而影响油气公司的当前经营业绩，油气储量也可体现油气公司的未来发展潜力，油气储量的变化可直接反应油气公司的经营重点及经营能力，因此储量信息是核心的非财务信息。国内上市油气企业需要第三方评估机构为其提供客观合理的储量信息，满足国内证券披露的要求。

对于银行借贷，历史上一般以某种当前的资产作为质押物，随着金融改革，未来现金流也可以作为贷款的质押物。储量是一种典型的产生未来现金流的资产，银行需要以储量信息为基础确定贷款额度与期限、还款额度与时间表。因此申请贷款的油气企业和放贷银行均需要独立第三方评估机构为其提供相应的储量评估服务。

5. 国有资产管理

我国国有企业在海外拥有大量资产，仅110家央企拥有的海外资产已超出4万亿，巨额国资在过去基本上没有进行审计，存在大量监管空白。虽然一些拥有境外资产的国企被审计过，也都是对国企母公司的审计，其境外机构的账目都是海外子公司自己呈报，数据真实性有待查证。

对于油气企业，由于大量资金是用于购买油气储量，油气资产的审计重点是对油气储量的审计，而会计事务所的专业特长在于财务方面，对于油气储量这种具有鲜明行业特点、专业性强的领域则不甚了解，因此需要专业的油气储量评估机构提供储量审计服务。

在国有油气资产交易过程中，出于国有资产保值增值的目的，同样需要独立第三方评估机构提供客观、合理的储量及其价值信息，为公允、公平交易提供必要的参考。

6. 油气资产经营

油气企业在对油气资产进行内部经营时，勘探、开发决策均基于储量/资源量。

目前油气企业管理层经常存在一定的误解，认为可培养内部团队进行储量评估，而不必聘请第三方评估机构，但无论内控制度如何完善，自评估工作都有可能或多或少受到内部经营指标的影响，内部团队的知识与经验可能受到本公司所属油气藏的限制，因而评估可能产生某些偏颇。

国外的油气企业经常采用双轨制，在内部团队进行储量评估的同时，聘请独立第三方评估机构进行储量评估，得到两套储量数据，不仅可做到兼听则明，而且可以借助评估机构的经验。即使是拥有大量研究人员的大型油气企业也经常采用这种作法。虽然这种做法会花费一定的费用，但是这笔费用与动辄几千万乃至几十亿的勘探、开发投资而言，则是"花小钱办大事"。因此，从辅助油气资产经营的角度而言，建立高水平的独立第三方评估机构也是必要的。

二、第三方评估机构的现状分析

市场经济比较成熟的国家已经形成相对完善的独立评估体系，包括市场环境、评估机构及监管体系。在我国，固体矿产已经形成了一定规模的独立评估体系，而油气矿产尚属空白。

1. 国外第三方评估现状

1）矿业市场分析

在市场经济比较成熟的国家，资本运作非常活跃，这些资本运作活动频繁应用独立的第三方油气储量评估机构。评估服务作为一种市场行为，评估机构自发遵循成熟的市场信用体系。同时，这些国家一般形成了比较完善的法律体系，从通用法律到特种法律明确委托方（政府机构、油气企业、金融机构等）和受托方（评估机构）的权责，规范双方行为；如果某些行为造成损害，受损方则可以通过法律诉讼寻求补偿。

美国在1929年10月由于内幕交易、过度投机、虚假信息、监管宽松等原因发生了影响世界的股灾。此次股灾促使美国改变了原来完全依靠市场调节的理念，从法律上对证券市场加以严密管理,制定了一套证券法律,包括1933年针对发行市场的《证券法》、1934年针对交易市场的《证券交易法》、1935年的《持股公司法》、1939年的《信托契约法》、1940年的《投资公司法》、1941年的《投资顾问法》等。这些法律中强调了财务信息的独立审计,即由合格的会计事务所对公司财务信息进行独立审计。由于储量信息是油气公司财务信息的重要基础,财务信息的独立审计带来了储量信息的独立评估和审计工作,继而催生了储量评估机构的诞生,如D&M、Ryder Scott、Miller & Lance等国际大型评估机构纷纷于1936年、1937年成立。2003年10月28日,美国货币监理署、联邦储备委员会、联邦存款保险公司、互济储贷机构监理署和国家信贷联盟管理署等五大金融监管机构联合发表声明,强调了抵押贷款评估过程中独立性问题。对于油气企业,同样要求储量的独立评估或审计。

加拿大证券管理署发布的油气活动披露标准NI51—101中,明确要求披露信息中包括独立储量评估或审计报告,具体要求上市公司对占75%以上未来净收入的证实加概算储量进行独立评估或审计。独立的评估机构为矿业勘查、开发、项目评价及投资融资市场等各个领域提供服务,也为各种类型的矿业公司、金融机构、政府部门、法律咨询公司及个人投资者等提供独立的技术咨询服务。

英国历史上主要靠自由市场自身规律进行自我调节,但在经历了几次世界金融危机事件后,加强了矿业市场监管。目前,英国矿业资本市场受到欧盟证券与市场管理署(European Securities and Markets Authority,ESMA)、英国金融行为管理署(Financial Conduct Authority,FCA)、英国审慎监管署(Prudential Regulation Authority,PRA)的监管,其中证券市场还受到交易所(如伦敦证券交易所)的监管。英国上市规则要求油气公司针对储量提供胜任人报告(Competent Person's Report,CPR),而且要求胜任人(Competent Person,CP)独立于该油气公司。在英国,独立评估机构同样为矿业公司、金融机构、政府部门、法律咨询公司及个人投资者提供服务。

对于美国、加拿大、英国等市场经济比较成熟的国家,其市场信用体系比较完善,市场自身调节能力也比较强,市场上普遍认可声誉良好、经验丰富的第三方机构,因此在油气资产交易中,交易双方也普遍聘请第三方机构对储量进行独立评估,将评估结果作为资产作价、商务谈判的基础。跨国大型油气公司也经常聘请独立评估机构进行储量评估,力图做到兼听则明,同时可以弥补某些内部评估的不足。

2)管理/监管体系

国外对储量评估机构、评估/审计人员的资质、执业行为均进行监管。监管的形式主要包括两种,机构监管和市场监管。机构监管是指设置某些政府或非政府机构根据法律、法规或机构章程对储量评估机构、评估/审计人员进行监管,下面介绍美国、加拿大、英国等矿业市场较发达国家的机构监管体系。

美国

20世纪早期,美国任何人都可以"工程师"的名义执业,但在发生多起公共设施灾难后,为保护公共福祉和公众利益,美国加强了对"工程师"的专业监管。专业监管的对象包括为公众服务的各个领域、各个专业的工程师,其中包括储量评估/审计相关的地质师、油藏工程师(目前专业名号中没有"储量评估师"和"储量审计师",进行储量评估或审计的人员一般为"地质师"或"油藏工程师")。

各州根据州立法建立职业工程师管理委员会(Board of Professional Engineers),该委员会根据法律进行专业监管。职业工程师管理委员会向合格的工程师发放执业许可证,并监管工程师在该州的执业行为。所有的州和地区都拥有职业工程师管理委员会,其中有些州发放通用的职业工程师许可证,而有些州则按照专业发放许可证,例如油藏工程、机械工程、电子工程等。

一般而言,个人从某州获得的执业许可证只在该州有效,因此很多职业工程师同时拥有多个州的执业许可证。有些州之间也建立了双边互认协议,在这种协议下,如果某人在一个州已获得认证或注册,则在另外一个州无需经过严格的测试等程序即可获得许可证。

各州认证要求不尽相同,但一般包括以下几个方面:

毕业于工程与技术认证委员会(Accreditation Board for Engineering and Technology, ABET)认证的4年制学院或大学,获得工程科学、工程学士或硕士学位;某些州允许ABET认证的4年制学院或大学的工程技术学位;

通过标准的工程基础(Fundamentals of Engineering, FE)书面考试。申请者如满足前两步的要求,则可以成为受训工程师(Engineer in Training, EIT)或实习工程师(Engineer Intern, EI);

积累一定年限的专业经验。大部分州要求4年,有些州要求稍低。对于工程技术学校的毕业生,要求可能更高;

通过工程原理与实践(Principles and Practice in Engineering, PE)书面考试及工程道德规范考试。

为了标准化,一个中心组织——国家工程与调查考官委员会(National Council of Examiners for Engineering and Surveying, NCEES)准备FE和PE试卷并分级。各州职业工程师管理委员会各自设置考试要求及通过分数,各州均在NCEES设有工程委员会代表,管理FE和PE考试。

在个人许可证的基础上,大部分的州还发放机构执业许可,例如得克萨斯、佛罗里达。另外一个与职业工程师相关的组织为国家职业工程师协会(National Society of Professional Engineers, NSPE),该组织为全国性的、学术性的民间组织,并不认证、发放许可证,而是通过教育、倡导认证、领导力训练、多学科联络等手段,提升职业工程师形象,提高职业工程师的工程实践能力和道德水准。`

以得克萨斯州为例,州政府基于《德州工程实践法》(*Texas Engineering Practice Act*)建立了得州职业工程师管理委员会(Texas Board of Professional Engineers, TBPE)。TBPE为自律型半政府组织,对工程服务人员与机构的资质、执业行为进行监管,具体包括资质审查、认证与更新,执业操守与工程实践监督,违规行为处罚等。当发现违规行为时,TBPE可采取警告、发出禁止令、执业监督、暂停或吊销许可、禁止许可更新、行政罚款等手段;如违规行为严重时,将移交法院进行民事、刑事诉讼;如工程师在其他州受到处罚,则违规行为视同为在本州发生,根据本州法律进行相应处罚。TBPE组织结构中的代表会(Council)为核心决策与管理机构,其主席由州长指定,其他成员包括职业工程师和公众代表,根据基于《德州工程实践法》选举产生。TBPE依靠受监管对象的注册费、许可更新费、行政罚款维持运作,而不依赖于州财政拨款。其他州的组织形式与德州类似。

加拿大

在加拿大,只有经过正式许可的工程师才可以使用"职业工程师"(Professional Engineer,PEng)头衔,工程执业活动严格受到法律保护和约束。专业许可与执业监管由各省的自我管理型的民间组织负责,这些组织被赋予相应的权力。各省的组织名称有所不同,例如安大略职业工程师协会(Professional Engineers Ontario,PEO)、阿尔伯塔职业工程师和地球科学家协会(Association of Professional Engineers and Geoscientists of Alberta,APEGA),但其职能类似,包括向合格的工程师发放许可证、监管工程师在该省的执业行为。

注册(认证)的一般流程如下:毕业于加拿大工程认证委员会(Canadian Engineering Accreditation Board,CEAB)认证的课程,获得工程或应用科学学位;在职业工程师的指导下,完成受训工程师(Engineer in Training,EIT)或实习工程师(Engineer Internship,EI)训练程序;在魁北克,需要完成一个至少4年的程序;由协会审查工作经历;通过专业实践考试,各省的内容与形式各异。

如果工程师所接受教育经过CEAB认证,在职业工程师认证过程中则不需要测试专业知识。学校及学位的认证状态受到持续监控,加拿大工程师协会(Engineers Canada)通过CEAB管理认证过程。

各省发放的许可只在该省有效,但安大略职业工程师协会2009年牵头启动了国家级工程认证体系的开发建设。在个人许可证的基础上,大部分的省发放机构执业许可,例如安大略、阿尔伯塔。以阿尔伯塔省为例,省政府基于《工程、地质、地球物理专业法》(*Engineering, Geological and Geophysical Professions Act*)成立了APEGA。APEGA为自我管理型民间组织,但须向政府指定的管理者进行定期汇报。APEGA对地质、工程人员与机构的资质、执业行为进行监管,具体包括资质审查、认证与更新,执业操守与工程实践监督,违规行为处罚等。当发现违规行为时,APEGA可采取警告、发出禁止令、执业监督、暂停或吊销许可、禁止许可更新、行政罚款等手段;如违规行为严重时,将移交法院进行民事、刑事诉讼。APEGA组织结构中的代表会(Council)为核心决策与管理机构,成员包括职业工程师和公众代表,其中公众代表由省政府(副省长)提名,职业工程师由协会自行提名,并根据协会章程选举产生。协会的经费来源于受监管对象的注册费、更新费、罚款等,其中代表会中公众代表的费用由省政府负担。

英国

在英国,一般对于工程师执业没有限制,即"工程师"头衔不受监管,也不存在认证系统。然而,某些特殊的头衔,例如工程技师(Engineering Technicians,EngTech)、信息与通讯技术技师(Information and Communications Technology Technicians,ICTTech),法人工程师(Incorporated Engineers,IEng)和特许工程师(Chartered Engineers,CEng),需要注册。这些特殊头衔持有人的专业监管由工程委员会(Engineering Council)综合负责,该组织由英国政府认定为英国工程专业的国家代表团体,与其他被认可的36个专业工程学会合作(如材料、矿产与矿业学会),对不同级别的注册工程师等进行监管。个人通过获得专业工程学会的成员资格,得到工程委员会的认可,被列入注册工程师名录,可使用专业头衔并受到法律保护。

美国的 PE、加拿大 PEng 是一种许可证制度,而英国的 CEng 是一个国际资质品牌和标杆。如欲获得 CEng 称号,一个人除获得工程硕士或等效的 UKSPEC 培训和经验外,还要显示出卓越的技术和商业领导力以及管理能力,这些要求一般高于美国和加拿大。

英国的 CEng 可以向欧洲国家工程协会联合会(European Federation of National Engineering Associations,FEANI)注册成为欧洲工程师(European Engineer),进而可使用"EUR ING"头衔。

"EUR ING"头衔是一个可在很多欧洲国家使用的国际性工程师专业资质。如欲获得此头衔,个人必须拥有工程学位,并向 FEANI 的一个国家成员申请。申请成功后,得到该头衔,此人则可在其他国家当地法律的基础上使用此资质。

市场经济比较发达的国家一般都自发形成了比较完善的信用体系,市场上还存在一种强有力的、不可见的监管力量,即市场监督淘汰机制。在这种市场环境下,评估机构和个人经过几十年的服务建立起信誉,视信誉为生命。如果评估机构或个人因为道德问题、专业失误等原因引发问题,则会损坏宝贵的信誉,进而逐渐被市场淘汰。这种机制强化了评估机构和个人的自律行为,某种程度上比外在的机构监管更加全面、有效。

3)评估情况

在美国、加拿大、英国等国,形成了很多国际性的知名评估机构,例如 Degolger and MaCnaughton、Ryder Scott、Miller and Lents、Gaffney,Cline & Associates 等。这些机构一般都拥有悠久的历史,不仅服务于油气或能源公司,还广泛服务于政府机构、学术机构、金融机构、律师事务所、会计事务所等机构。

2. 国内现状分析

根据我国《矿产资源法》,矿产资源属于国家所有,由国务院行使国家对矿产资源的所有权。任何企业勘查、开采矿产资源,必须依法分别申请,经批准取得探矿权、采矿权。获得采矿权后,企业可通过采出矿产获得相应权益。

油气及放射性矿产以外的矿产资源由省、自治区、直辖市政府地质矿产主管部门(国土资源厅)审批登记,颁发勘查许可证和采矿许可证,许可证可颁发给国家、地方的各种所有制企业。而油气资源由国务院地质矿产主管部门(自然资源部)登记,颁发勘查许可证和采矿许可证。

矿产资源的交易体现在矿业权(探矿权和采矿权)的有偿转让。矿业权的转让由发放部门进行审批,这意味着油气及放射性矿产以外矿产资源可在各种所有制企业间进行交易,市场相对开放,转让非常活跃。2013 年,矿业权的登记、转让事项约 9500 项;2014 年,矿业权的登记、转让事项约 8500 项;2015 年 5 月 27 日前,矿业权的登记、转让事项约 2500 项。经营油气以外矿产资源的企业有很多已经上市,也有很多采用银行借贷进行融资。此类矿业权登记/转让、企业上市、银行借贷等事项均涉及矿业权评估工作(储量及价值评估),由具有资质的储量和矿业权评估机构承担,全国各地已经建立了众多的固体矿产评估机构,目前约 110 余家。

油气资源一直在以多种方式进行试验性改革。如 21 世纪初的中石油、中石化尝试对外合作,但由于对外合作的管理办法和相关标准不健全,储量核心资产价值没有第三方客观评估,合作的基础工作不扎实,致使合作区块问题频发,国家审计署对此问题作为审计中的重点问题,要求企业整改完善。2017 年国务院印发《关于深化石油天然气体制改革的若干意见》,明确了深化石油天然气体制改革的指导思想、基本原则、总体思路和主要任务,要求完善并有序放开油气勘查开采体制,提升资源接续保障能力。实行勘查区块竞争出让制度和更加严格的区块退出机制,加强安全、环保等资质管理,在保护性开发的前提下,允许符合准入要求并获得资质的市场主体参与常规油气勘查开采,逐步形成以大型国有油气公司为主导、多种经济成分共同参与的勘查开采体系。为贯彻落实党中央、国务院关于矿业权出让制度改革、石油天然气体制改革、加大油气勘探开发力度等决策部署,2020 年自然资源部发布《关于推进矿产资源管理改革若干事项的意见》,提出向内外资企业开放油气勘查开采市场。随着油气勘探、开发市场的开放,交易、融资等业务会逐步增多,独立油气储量评估工作的业务需求也将随之增多。

三、第三方机构建设的可行性分析

综上,油气资产国际/国内交易、合资、融资等方面对油气储量独立评估提出了大量的需求,需要建立评估机构满足这些需求,下面将从政策、市场、监管、人员等方面分析建立评估机构的可行性。

1. 政策分析

审计署对三大国有石油公司进行审计时,发现所有的油气储量均交由外国评估机构进行评估,存在一定的能源信息安全隐患,将此情况汇报国务院后,国务院作出了"关于加快我国油气储量自主评估能力建设,保障国家能源信息安全的指示"。"自主评估能力"不仅包括国有石油公司内部的储量评估能力,还包括在国内创建独立的储量评估机构和培养专业人员,因此从政策导向上来看,政府应支持储量评估机构的建设,为储量的市场化应用创造良好条件。

2. 市场分析

根据国企改革战略方针以及市场化改革的要求,在油气勘探开发领域,未来将有不同所有制形式的资本进入,油气资产的股权交易、因油气生产所产生的银行借贷、上市融资活动将大幅增多,加之政府行政管理改革欲将储量评估从政府背书向市场行为转化,这些将产生一个庞大的储量评估服务市场。另外,国有石油公司在海外上市,经常聘请国外的评估机构进行储量评估,而在海外拥有油气资产的民营企业也经常聘请独立评估机构,因此这些企业作为未来油气资产交易市场的主要参与者一般都会接受聘请独立第三方评估机构的理念和做法。上述条件都为油气评估机构的建立和成长提供了土壤。

第九章 矿业市场油气储量评估管理体系及信息监管机制

3. 监管分析

对于油气及放射性矿产以外矿产资源的矿业权评估,国内已经形成了一套相对完整的监管体系,包括主管部门——自然资源部,具体执行机构——矿业权评估师协会,主要管理办法——《矿产储量评估师管理办法》和《矿业权评估师执业资格制度暂行规定》。这个体系的运行为油气储量评估机构和人员的监管提供宝贵的经验。

在简政放权的行政改革思想指导下,自然资源部可只指定包含原则性要求的行政条例,协调建立矿业权评估师协会油气分会或其他类似协会组织,将其他具体事务交由该组织,由该组织负责在原管理办法基础上进一步细化,并进行具体水平认证、执业监管与处罚等事务,总体形成一套行之有效的、针对油气资源评估的监管体系。

4. 人员分析

三大国有石油公司曾在海外上市二十余年,在其内部已经培养了大量的熟悉国外资本市场储量评估规则的专业人员。虽然国内油气市场尚未开放,但国内很多民营企业在国外开展油气资产交易活动,国内也有类似评估机构为其服务。随着油气市场的开放,评估业务需求的增多,会有更多的专业人士加入到油气储量评估队伍中,而石油相关大专院校、研究机构以及国有与民营石油公司专业人才流动将为评估市场提供足够的不同层级的人才资源。

5. 可行性结论

目前政策导向鼓励独立评估机构的建设,油气市场的逐步开放为评估机构提供足够的业务工作量,非油气矿产市场评估的监管为油气评估监管积累了经验,现有监管体系也为油气评估的监管提供了雏形,未来的评估机构具有足够的人才来源,进行中的资本市场油气储量分类标准及评估规则研究项目将为评估工作提供可行的技术标准,因此在当前条件下逐步培育、建立第三方评估机构是可行的。

第十章　国际油气储量相关行业组织介绍

本章主要介绍目前国际上较为有影响力的油气行业组织,包括国际石油工程师学会、石油评估师学会等。在具体介绍相关组织之前,首先介绍一下相关国内外在行业管理方面的不同之处。美国、加拿大等国的国家行政管理制度与我国不同,石油工程师学会、石油评估师学会等属于民间组织,不具备注册执业资格和管理执业资格等职责,只是服务与石油工程师、评估师、油气企业等产业链内相关单位与个人。在美国、加拿大、英国,通常是各州或各省的职业工程师协会专门负责注册资格管理,凡是面向公众提供服务的行业,都是需要有执业资格作为保障的。"工程师"本身是一种执业资格,是需要考试并且向州工程师协会注册后才能获得执业执照的。相关从业人员依据工作职责,如须在专业成果报告签字,则必须有相应的专业工程师执业执照的。各州或省的工程师协会是面向所有专业的执业资质管理,而专业协会是面向油气专业的工程师或专业工作人员,提高其会员的学术水平,促进其专业能力成长。

第一节　石油工程师协会

石油工程师协会(SPE)是一个非营利性专业协会,在119个国家或地区拥有超过100万名会员,从事石油和天然气及相关能源资源的勘探和生产。SPE的使命是连接全球工程师、科学家和相关能源专业人士进行交流,了解、创新和提高他们在石油和天然气及相关能源资源的勘探、开发和生产方面的技术和专业能力,以实现安全、可靠和可持续的能源未来。SPE搜集油气相关的专业技术和专业资源,通过组织培训、出版杂志书籍等出版物,以及专业研讨会等多种形式为会员提供继续教育和技术交流机会,支持会员的专业水平提升。SPE在卡尔加里、达拉斯、迪拜、休斯顿、吉隆坡和伦敦设有办事处。

SPE的历史缘起于美国采矿工程师协会(AIME)。AIME于1871年在美国宾夕法尼亚州成立,旨在通过工程应用来推进金属、矿物和能源的生产。1913年,AIME内部成立了一个石油和天然气常设委员会。随着成员的增加,AIME的石油和天然气委员会很快演变为AIME的石油部门。1957年,SPE正式成为AIME成立的石油和天然气分会SPE,1985年SPE发展成为独立注册的行业组织开始运作。进入20世纪90年代,SPE逐步从美国走向全球,成立了多家国际分会,并且逐步拓展油气技术专业覆盖范围。截至目前,SPE专业领域包括以下八大方面:井筒工程、完井工程、生产运营、地面配套建设、油藏、HSE和可持续性管理、经营管理、数据科学与工程分析。SPE在全球设立了7个区域管理中心,包括非洲、亚太、加拿大/北美地区、欧洲、拉丁美洲和加勒比地区、中东和北非、美国和墨西哥/北美地区、俄罗斯和里海,2003年在北京设立中国分部。

SPE目前设立三种会员,包括学生会员、青年会员、高级会员。学生会员是面向SPE已设立学生分会的大学的在读学生,专业要求为石油或相关领域,并且正在攻读相当于学士或研究生学位。青年会员的资格要求包括:①在石油行业相关的单位任职工作;②有4年制的石油工程相关的本科学位;③或者有2年的石油工程相关的学位,以及4年制其他专业的本科学位;④6年的石油工程、地质研究等与石油工业相关的工作经历。高级会员是针对已经拥有连续25年以上的SPE会员人群提供的荣誉称号。对于已经在SPE连续50年的会员,自动升级为荣誉军团成员。

第二节　石油评估工程师协会

石油评估工程师协会(SPEE)是面向油气储量评估师的专业协会,成立于1962年美国的得克萨斯州,后逐步发展至全美以及加拿大,目前在亚太地区、卡尔加里、加利福尼亚州、得克萨斯州中部、达拉斯、丹佛、休斯顿、欧洲、拉丁美洲、米德兰、北落基山脉和俄克拉何马城等地有分会。

SPEE致力于促进会员的专业成长,通过地方分会定期举行的技术会议为会员交流技术和商业信息提供了平台以及继续教育机会,学会持续发布相关研究报告,协助会员持续提升专业水平。同时SPEE持续在石油和天然气储量定义、储量评估和公平市场价值领域向公众宣传相关专业知识。

SPEE一直致力于石油和天然气储量定义的标准化。1987年,SPEE与其他行业团体合作,制定并发布了被认为适用于整个石油和天然气行业的定义。这些定义随后由SPEE和SPE联合颁布。1988年,SPEE发表了专著Ⅰ,是相关定义应用的综合指南。此外,SPEE对石油评估工程领域的一个重要贡献是其每年的专项年度调查报告。自1982年以来,SPEE每年都会对其成员和行业内专家进行调研采集全球各地区油气勘查开采项目的评估参数数据,包括国内石油和天然气价格的10年预测,10年运营成本和钻井成本上升率预测,评估中使用的主要现值因素,最低投资预期回报率,以及适用于特定储量分类和类别的风险调整因素等。基于对采集的年度数据统计以及与历史年度的对比分析,SPEE编写油气储量评估年度调查报告,对会员免费公布,对非会员适度收费。SPEE的相关资料已有国内翻译版本,是油气储量评估师重要的案头参考书籍。

SPEE包括正式会员和准会员两类,SPEE正式会员的条件如下:

(1)持有工程或地质学的学士或高级学位。

(2)具备10年的石油和天然气储量评估经验。其中,5年的石油工程经验或5年在获得工程与技术认证委员会(ABET)认证的学院或大学中教授石油工程课程的经验可以替代5年的石油和天然气储量评估经验。石油和天然气储量评估经验意味着主要工作是定期涉及石油和天然气储量的评估。石油和天然气储量的评估包括但不限于石油储量/资源估计、生产预测的确定以及储量/资源和生产估计的经济影响的确定。

(3)如果是工程师,直接向公众提供工程服务,或者受雇于向公众提供专业工程服务的公司,则需要获得职业工程师的执照。对于在以下情况下工作的工程师,不需要有执业执照:①不向公众提供工程服务的公司;②不要求其工程人员获得专业工程师的执照或注册。对于在不需要工程师执业许可的司法管辖区内向公众提供服务的工程师,也不需要获得执照或注册。

(4)如果是地球科学家,必须满足:美国石油地质学家协会(AAPG)指定的认证石油地质学家认证,或独立专业地球科学家协会(SIPES)会员认证,或根据申请人的居住法规获得专业许可或认证。

对于在以下情况下工作的地球科学家,不需要进行执照或注册:不向公众提供咨询或专业服务,以及不要求其地球科学家人员获得许可或注册为专业地球科学家。地球科学家向公众提供服务,在地球科学家执业的司法管辖区不需要执照或认证的情况下,不需要执照或认证。

准会员与上述正式会员的要求基本相同,只是准会员的工作经验要求为至少5年,且其中可以包含一半的时间(最多两年半)是在相关认证学院或大学教授石油工程课程经历。准会员可以投票选举高级职员和董事,并就会员可适当处理的事项进行投票,但准会员不得担任会员或准会员的担保人。准会员不得担任国家职务。要升级为正式会员,申请人必须填写准会员将身份更改为会员表格的申请。在此过程中,申请人必须至少有1名保荐人,保荐人须为申请人填写担保表格。保荐人必须是熟悉准会员从成为准会员到申请正式会员期间的工作的会员。当准会员最初获得批准时,资格委员会主席将在批准签名页上注明正式会员资格的月份和年份。准会员必须在被接纳为准会员后10年内申请将身份从准会员更改为会员。

正式会员的入会申请是采用保荐人制度。每名申请正式会员的申请者,须使用由执行委员会授权、由申请人签署并由不少于3名信誉良好的会员保荐人签署的表格提交申请,列明申请人的培训和经验,以及执行委员会更新规定的其他要求。准会员不得作为保荐人。申请经资格委员会筛选后,将转交执行委员会。在执行委员会的每个成员确定申请人符合SPEE会员资格规定后,该申请必须得到执行委员会的批准。在加入学会之前,申请人和申请人的保荐人的姓名应提交给社团成员。在将申请人和申请人的保荐人的姓名邮寄给协会成员后30天内没有收到反对意见,并且经执行委员会批准后,将通知申请人成为会员。

附录一　储量分类大记事

附表 1　UNFC 分类框架大事记

时间	名称	目的	范围	分类
1992	在德国政府提出建议的基础上,联合国欧洲经济委员会(UNECE)工作组针对煤的分类开始制定了第一版的联合国分类框架			
1997	联合国国际储量/资源分类框架(固体燃料和其他矿产)	主要目的是建立一种机制,使固体燃料和其他矿产储量、资源能够以市场经济条件为基础按照国际统一系统进行分类。这种新的分类系统可以兼容现有名词,达到相互对比和兼容的目的,因此促进国际交流。市场经济原则应有利于国际贸易与合作,特别是"市场经济"与"转轨经济"之间。 另一个目的是,建立一种普遍理解的、简单的且易于为所有有关方面所使用的系统。它应直接反映地质调查和评价矿产储量、资源实践中所采用的程序,应能容纳这些调查和评价所得之结果,即相应报告和文件中所罗列的储量、资源数字。还有一个目的是建立一种灵活的系统,它将满足在一个国家、公司或公共团体层次上应用、国际交流和全球调查的所有要求	固体燃料和其他矿产	框架提供了三个方面信息:(1)地质评价阶段,主要根据地质保证程度确定储量、资源种类;(2)可行性评价阶段,根据所做的可行性评价的详细程度作为一种尺度划分储量、资源。这些阶段反映出储量、资源数字关于经济可靠性的保证程度;(3)经济可靠程度,是可行性评价的实际结果
1998	UNECE 工作组和采矿冶金机构(CMMI)专家组达成协议,将双方的分类定义融为一体,以便于分类体系的应用。1999 年,二者联合完成了矿产储量和资源定义			
2001	第 11 次会议上,决定组成一个政府间的专家工作组,专门研究能源资源/储量术语的一体化,主要目的是将"联合国固体燃料和矿产品分类框架"的原理,拓展到油、天然气和铀等能源资源,并针对每一种能源产品各自的特殊性,给出了不同的术语和定义解释			

续附表 1

时间	名称	目的	范围	分类
2004	联合国化石能源和矿产资源分类框架（UNFC-2004）	该分类旨在允许将当前现有的术语和定义纳入该框架,从而使它们具有可比性和兼容性。通过使用三位数代码来明确指出市场经济中可提取能源和矿物商品的基本特征,从而简化了这一方法。UNFC-2004 是一个灵活的系统,能够满足国家、工业和机构一级的应用要求,并成功地用于国际交流和全球评估。它满足了支持合理利用资源、提高管理效率、增强能源供应和相关财政资源安全所需的国际标准的基本需求。此外,新的分类将有助于经济转型国家根据市场经济中使用的标准重新评估其能源和矿物资源	煤炭和矿物、石油和铀	剩余资源总量按照影响其可开采性的三个基本标准进行分类:(1) E 轴表示经济和商业可行性;(2) F 轴表示现场项目状态和可行性;(3) G 轴表示地质认识水平
2010	联合国化石能源和矿产储量与资源分类框架（UNFC-2009）	它的设计是为了尽可能满足与能源和矿物研究、资源管理功能、公司业务流程和财务报告标准有关的应用需求	适用于位于地球表面或地表以下的化石能源、矿产储量和资源	UNFC-2009 是一个基于一般原则的系统。(1) E 轴表示社会和经济条件在确定项目商业可行性方面的有利程度,包括考虑市场价格和相关的法律、监管、环境和合同条件;(2) F 轴表示现场项目状态和可行性,指实施采矿计划或开发项目所需的研究和承诺的成熟度。这些范围从确认矿床或积累存在之前的早期勘探工作,一直延伸到提取和销售商品的项目,并反映了标准的价值链管理原则;(3) G 轴表示对地质知识和数量的潜在可采性的信心水平
2013	欧洲经委会可持续能源委员会第四届会议通过了《联合国 2009 年化石能源和矿产储量及资源框架分类》及其应用规范。本规范针对 UNFC-2009 在应用中涉及的问题进行了讨论,包括资源开采过程中的对分类模块的进一步解释和分析、环境社会问题、披露、评估基础、评估人员资质、与矿产委员会储量国际报告标准模板（CRIRSCO）和石油资源管理系统 PRMS-2007 进行对比的桥梁文件等			

续附表 1

时间	名称	目的	范围	分类
2017	欧洲经委会可持续能源委员会第二十六届会议批准将《联合国化石能源和矿产储量与资源分类框架》变更为《联合国资源框架分类》			
2019	资源管理专家组第十届会议(瑞士日内瓦)重新审议了 UNFC 中各种商品和利益攸关方的相关措辞。UNFC 的更新版本旨在满足不同资源部门和应用者,并使其与 2030 年前呼吁的环境可持续发展目标相一致。UNFC-2019 版本关键的变化,包括文本的规范化,使 UNFC 适用于所有资源。更新后的文本旨在使 UNFC 的用户更容易使用			
2020	联合国资源框架分类(UNFC-2019)	UNFC-2019 旨在满足不同资源行业和应用的需求,并使 UNFC 充分对应于《2030 年可持续发展议程》所要求的可持续资源管理。UNFC-2019 是用于界定资源开发项目的环境-社会-经济活力和技术可行性和成熟度的、基于资源项目和基于原则的、得到普遍接受和国际应用的一种分类体系。UNFC 提供了一个一致的框架来描述对项目未来产品数量的置信水平	包括各种资源,如太阳能、风能、地热、水能、生物能源、注入储存、碳氢化合物、矿物、核燃料和水,是可从这些项目中开发出产品资源项目的原料。这些资源可能是原生自然资源,也可能是次生资源(人为资源、尾矿等)	UNFC-2019 是一个基于原则的体系,其中根据环境-社会-经济活力(E)、技术可行性(F)和估算值置信度(G)这三个基本分级标准,使用一种数字编码系统对某一资源项目的产品加以分类。这些分级标准的组合建立了一个三维系统。其中(1)E 轴表示,环境-社会-经济条件对于确定项目活力的有利程度,包括关于市场价格和相关法律、监管、社会、环境和合约条件的考虑。(2)F 轴表示为了实施项目而所需达到的技术、研究和承诺成熟度。这些项目范围广泛,从早期的概念研究直到充分开发并正在生产的项目,反映出标准价值链管理原则。(3)G 轴表示项目产品估算量的置信度
2021	资源管理专家组会议发布了"应用于石油的联合国资源分类框架补充规范"。本规范是出欧洲经济委员会专家和欧洲经委会成员国专家,以及非欧洲经委会成员国、其他联合国机构和国际组织、专业协会等部门专家联合开发,是 UNFC-2019 在石油方面应用的一个详细解析。包括对石油产品、石油项目和有效日期的解释;对分类框架在石油方面与相应模块结合的进一步解读;对 E、F、G 轴相关影响因素的逐个分析。同时,加入了针对石油的评估程序(容积法、类比法和生产动态法)、评估方法(确定性法和概率法)、合并以及非常规资源等			

附表 2　PRMS 定义与分类框架大事记

时间	名称	目的	范围	分类
1936	美国石油学会(API)起草证实储量定义			
1946	美国天然气协会(AGA)起草证实天然气储量定义			
1964	SPE 推出自己的证实储量定义			
1981	SPE 修订了证实储量定义			
1987	SPE 发布了证实、概算和可能储量的定义;世界石油大会(WPC)也发布了储量的定义			
1997	SPE 和 WPC 两个组织联合发布了唯一一套可以在全球范围内使用的储量定义			
2000	SPE 联合 AAPG、WPC 开发了《石油资源分类系统和定义》	主要意义在于突破之前主要聚焦于一系列的储量的定义,将范围扩大到产量、储量、资源量、不可采量以及原地量整个地质资源序列,首次在一个完整框架将各种分类进行了明确的区别,可以为资源管理提供更完整的资源报告	常规资源	将石油总原地量分为产量、储量、条件资源量、远景资源量和不可采量。横轴表示潜在可采量的不确定性范围。对应不确定性范围将储量划分为证实储量(1P)、证实加概算储量(2P)和证实加概算加可能储量(3P)。对于其他资源类别,使用术语"低估值"、"最佳估值"和"高估值"
2001	SPE 联合 AAPG、WPC 发布了《石油储量和资源量评估指南》	—	常规资源	包括 9 个章节
2001	SPE 推出储量估算和审计标准			
2005	SPE 联合 WPC、AAPG 推出资源定义术语表			
2007	SPE 联合 WPC、AAPG 与 SPEE 发布了《石油资源管理系统》	主要意义在于从一个概念框架演变为一个具有内在关联性的完整系统。通过项目的成熟度建立了远景资源量、条件资源量和储量之间的关联关系。该版本增加了分级分类准则、评价和报告准则和可采量估算方法,为国际石油工业、国家资源报告和各国证券市场等提供了通用参照,更好的支持了石油项目和资产组合管理的需求,提高了全球石油资源交流方面的透明度	常规资源和非常规资源	基于项目的资源/储量分类体系,纵向按商业机会将总原地量划分已发现和未发现原地量。已发现原地量包括商业和次商业原地量,商业原地量包括产量、储量;次商业原地量包括条件资源量和不可采量。横向上按不确定性程度进行分类。首次在条件资源类中新增了参考名称为 1C、2C、3C 的累计类别

续附表 2

时间	名称	目的	范围	分类
2011	SPE 联合 WPC、AAPG、SPEE、SEG、发布了《石油资源管理系统应用指南》	替代 2001 年的《石油储量和资源量评估指南》。该指南旨在 2001 年版文档基础上进行更新,提高准确性,该版本尚未包括非常规资源的评估方法	常规资源和非常规资源	在原来指南的基础上进行了大量更新,将原有 9 章合并为 8 章,新增两章:(1)确定法石油资源评估(第 4 章);(2)非常规资源的估算(第 8 章)。共有 10 章
2018	SPE 联合 WPC、AAPG、SPEE、SEG、SPWLA、EAGE 发布了更新的《石油资源管理系统》	主要意义在于通过 28 项更新和一项术语解读对 2007 版本进行了完善。为各种定义提供了可比性的衡量标准,减少了资源评估的主观性,提高了全球石油资源信息通报的清晰度	常规资源和非常规资源(与 2007 版相比增加了页岩油、致密油和致密气)	基于项目的资源/储量分类体系,其纵向按项目是否发现将原地量划分为未发现原地量、已发现原地量;按商业机会将已发现原地量未采出部分又进一步分为储量、条件资源量和不可采量,未发现原地量包括远景资源量和不可采量。横向为可采量的不确定性范围。该版本的改进之处:首次在条件资源类中新增了参考名称为 C1、C2、C3 的类别,在远景资源类中新增了参考名称为 1U、2U、3U 的累计类别;把产量和不可采量分别从商业和次商业中独立出来,升级为已发现原地量(PIIP)子集,使得产量+储量+条件资源量+不可采量=发现的 PIIP,保持了质量平衡
2019	SPE 推出油气储量信息估算和审计标准			
2022	SPE 联合 WPC、AAPG、SPEE、SEG、SPWLA、EAGE 发布了《石油资源管理系统应用指南》	取代 2011 年的《石油资源管理系统应用指南》	增加了评估非常规资源的当前最佳实践	在原来指南的基础上进行更新,增加了大量实例。将原有 10 章扩充为 12 章。新增两章:(1)岩石物理(第 5 章);(2)油藏数值模拟(第 6 章)。共有 12 章。对 2011 版应用指南非常规能源章节增加了评估方法

附表 3　中国资源储量分类框架大事记

时间	名称	目的	范围	分类
建国初期	主要借鉴原苏联的油气资源/储量分类模式,对地质储量按认识程度分为 A 级、B 级和 C 级			
1970	将油气勘探开发历程划分为广探(预探初探)、整体解剖(详探)、开发 3 个阶段,并与储量级别相关联,分别对应三级地质储量(待探明)、二级地质储量(基本探明)和一级地质储量(探明)。不同勘探开发阶段和储量分级根据相关条件界定			
1988	《石油储量规范》和《天然气储量规范》两个国家标准由全国储委石油及天然气专业委员会办公室起草,国家标准局发布	是根据实施中华人民共和国矿产资源法的要求制定的	天然石油及其溶解气,烃类及非烃类天然气(硫化氢、二氧化碳及氮气等)	总资源量划分为地质储量和远景资源量。根据勘探、开发各个阶段对油藏的认识程度,将储量划分为探明、控制和预测三级。其中探明储量又进一步划分为Ⅰ、Ⅱ和Ⅲ类,同时要计算各类探明储量的地质、可采和剩余可采储量。根据地质、地球物理、地球化学资料统计或类比估算的远景资源量划分为潜在资源量或称为圈闭法远景资源量和推测资源量
2004	《石油天然气资源/储量分类》国家标准由国土资源部矿产资源储量评审中心石油天然气专业办公室起草,中华人民共和国国家质量监督检验检疫总局和中国国家标准化管理委员会共同发布	对中国惯用的探明、控制和预测储量重新定义并明确界定标准和计算方法,以期使其与国际通行标准的证实储量(Proved 或 Proven)、概算储量(Probable)和可能(Possible)储量之间,建立可对比的或对应的相对关系,使按中国标准划分和计算的储量在某一储量级别上能与国际通行标准直接挂钩或接轨	石油天然气	石油总资源量划分为地质储量和未发现原地资源量。同时储量分为三个层次,即地质储量、技术可采储量、经济与次经济可采储量,并都冠以探明、控制和预测三个级别。增加了可采储量,并分为经济的和次经济的,强调了探明可采储量的可行性和可操作性,取消了基本探明级别,引入了储量的概率定义,保留了地质储量的分级,并明确了相应的技术可采储量的含义

续附表3

时间	名称	目的	范围	分类
2020	《油气矿产资源储量分类》由中华人民共和国自然资源部提出，自然资源部矿产资源保护监督司、自然资源部油气资源战略研究中心、自然资源部油气储量评审办公室、中国石油天然气集团有限公司、中国石油化工集团有限公司、中国海洋石油集团有限公司、中联煤层气有限责任公司、山西延长石油（集团）有限责任公司起草。国家市场监督管理总局和国家标准化管理委员会发布	降低储量评估与管理成本，便于储量的社会认知，在新时期下提高油气储量管理水平、助力油气增储上产以及保障国内能源安全	石油、天然气、页岩气和煤层气（通称油气）矿产资源储量的分类和发布	将油气矿产资源划分为地质储量和资源量。其中资源量不再分级。地质储量分为三级：探明地质储量、控制地质储量和预测地质储量。其中探明地质储量和控制地质储量又进一步细化为技术可采和经济可采，以及剩余经济可采储量。技术可采储量不受经济投资开发条件的波动，具有相对稳定性，因此技术可采储量是中国分类体系特有的类别。

附录二　我国证券市场油气储量信息披露建议

按照国际惯例，上市油气公司需在首次公开发行证券和年度信息披露时披露油气储量信息。目前我国有四家证券交易所，分别位于上海、深圳、北京、香港，其中上海证券交易所2015年度曾发布了《行业信息披露指引-石油天然气》，明确上市油气公司需要在首次公开发行证券和年度信息披露时披露储量信息。但该要求已于2020年取消，目前没有相关要求。参照国际主要证券市场关于油气储量披露信息的相关要求，本书设计提出了我国证券市场油气公司储量信息披露规范建议稿，以供读者参考。

一、总则

1. 目的与定位

为规范上市公司油气储量信息披露的行为，确保信息披露的真实、准确、完整、及时和公平，满足投资者决策需求，保护投资者、公司及其股东、债权人及其他利益相关人员的合法权益，根据《中华人民共和国公司法》《中华人民共和国证券法》《上市公司信息披露管理办法》《公开发行证券的公司信息披露内容与格式准则》及其他适用法律、法规、规范性文件，特提出《石油天然气储量相关信息披露规范》(以下简称《规范》)。

《规范》是在《公开发行证券的公司信息披露内容与格式准则》(以下简称《准则》)框架之下，针对从事油气生产活动的上市公司的补充规定。上市公司在《准则》要求基础上，在特定时间以指定方式披露《规范》中的追加内容，《规范》中未规定的内容，遵照相关法律、法规、准则的要求。

2. 适用范围

任何开展油气生产活动的(拟)公开发行证券的公司(以下简称"公司")在履行信息披露义务时发布任何可能为公众获悉的储量信息时须遵循本规范，包括但不限于：在首次公开发行或后续增发时的(联合)招股说明书；公司年报、半年报、季报、临时公告；公司官方媒体(包括但不限于官方网站、新闻发布会、股东会议、路演、宣传资料、内部通讯等)所发布信息。

3. 基本原则

（1）为保证储量披露信息的真实、准确和完整，年报披露的储量信息必须由合格的储量评估人员编制；所披露储量信息必须经过自然资源部备案。

（2）披露内容应保证本期、前后报告期信息的合理一致性，包括但不限于名称、术语、计算依据、计算方法、数据的逻辑关系等，但不包括因时间推移、环境变化、工作开展等引发的合理变化。对于合理变化以外的情况，应充分说明原因。

（3）若公司在境内外多地上市，且公司据《规范》所披露的信息与同期已披露的相关信息存在实质性差异（数值相差±5%或以上、重大信息缺失等），则须公开说明其原因或情况。公司境内披露内容（注意不是数值）多于境外披露的情况不作为实质性差异。

（4）如果油气资产所在国家的权威机构要求披露的储量类别与《规范》不同，则须声明所披露储量数量中包含本规范要求以外的类别。

（5）如监管机构提出要求，公司须按要求提供额外的与披露信息相关信息。

4. 约定

（1）《规范》中"须""必须""应""应该"代表强制要求，"可""可以"代表可选要求，"不可""不能"代表强制禁止。

（2）推荐使用表格形式进行信息披露，公司可根据具体内容对《规范》建议的表格进行扩充，如公司认为某种调整更易读者理解，可对表格形式进行必要调整。

二、术语与定义

1. 术语定义

（1）储量相关信息：泛指油气资产数量和价值的多种预测资料及辅助资料，主要包括储量数量估值；储量相关的未来净现金流预测；储量相关的未来净现金流的净现值预测；储量相关的其他辅助资料，包括内控制度、人员资质、历史产量、投资、成本、价格，未来投资、成本、价格的假定，历史勘探、开发工作，未来开发计划等。

（2）储量数量：以体积或质量对储量的度量值。

（3）储量价值：以货币对储量的度量值，《规范》中用储量所产生的未来净现金流的贴现值作为其度量值。

（4）披露信息：《规范》中主要指储量信息，同时还包括其他说明、警示性内容。

（5）油气生产活动：包括——寻找天然状态的原地石油（凝析油、天然气液）或天然气；以进一步勘探或从资产中开采油气为目的，获取资产或资产权利；从油气藏中开采油气所必须的建设、钻井和生产活动，包括获取、建设、安装和维护油田集输及储存系统，例如油气举升、收集、处理；以固态、液态或气态形式从油砂、页岩、煤层或其他非可再生天然资源采出的、以改质合成油气为目标的可销售烃类的开采及相关活动（即与上述类同的活动）。

不包括——油气的运输、精炼和营销；没有从事生产或通过此类生产获取油气实物收益的合法权利，只是进行油气处理、工程作业；开采石油、天然气以及可改质为合成油气的天然资源以外的资源；地热资源开采。

（6）勘探井：是指为寻找新油气田（藏）而钻的井。一般而言，勘探井是开发井、扩边井、服务井或地层测试井以外的任何井。

(7)开发井:在拥有储量的油气藏区域内,钻进至已知具有生产能力的地层深度的,可直接生产油气的井。

(8)扩边井:以扩展已知油气藏边界为目的所钻的井。

(9)服务井:在现有油气田中为支撑生产而钻的井(包括利用老井)。根据不同服务目的,服务井包括注入井(水、天然气、空气、氮气、蒸汽、聚合物等)、废水处理井、水源井、观察井、救援井等。

(10)干井:是指因被证明不能生产足够数量的油或气,而不能完全成为油气井的勘探、开发、扩边井。

(11)生产井:指非干井的勘探、开发或扩边井,而不仅指正在进行油气生产的井。

(12)报告生效日:也被称为报告基准日,是指报告中信息的关联期间的截止日。对于储量评估报告,相当于评估基准日。

(13)报告期:指截止到报告生效日的一个时间期间,报告中所披露信息的关联期间。

(14)报告编制日:针对书面披露信息,在编制以报告生效日为终点的披露信息时,报告最终完成日期。报告编制日是报告生效日之后的一个日期,因为在一个期间结束后,披露者需要一段时间收集、整理、分析、准备披露所需要的信息。

(15)《指南》:是指《矿业市场油气储量评估应用指南》,会随油气行业发展而不断修订。

(16)地域:在《规范》中泛指一个国家、一个洲的一组国家或一个洲。对于按地域披露的信息,若中国作为其中的一个地域,则将中国作为第一个地域。

(17)类比信息:是指与公司披露信息中所涉及的油气藏类比的油气藏的相关信息,公司通过参考这些信息,得出合理适用于所披露油气藏的对比或结论,例如技术适用性、生产动态等。

这些信息包括:①储量的历史信息;②储量数量和价值的估值;③历史产量及产量预测;④关于油田、油气藏、单井的信息,包括地质、油藏、工程等相关信息。

2. 术语引用

对于《规范》用到但未定义的术语,参照《指南》中的定义或说明。若《规范》中术语定义与《指南》存在不一致,以《规范》为准。

三、总体要求

本节中要求适用于所有储量信息的披露。

1. 披露内容与范围

(1)公司必须且只能按照规定会计核算方法披露合法权益内的储量份额及相关信息。具体会计核算方法详见后续章节条款。

(2)必须采用《指南》中定义的储量分类。

(3)披露储量必须是公司权益内的净储量,包括操作权益和非操作权益。如果公司能够得到必要信息,则净储量中应该包含所拥有矿业权权益相关的储量;如果无法获得必要信息而导致净储量中未包含所拥有矿业权权益相关的储量,应说明情况,并披露与矿业权权益相关的所生产油气的份额。净储量中不应包括公司所有资产中其他实体权益相关的储量。

(4)若公司只拥有部分权益:当存在公司不可控因素,使得披露困难或不可行时,可只披露权益份额比例,但同时必须在披露信息中说明相应情况;当存在公司不可控因素,使得披露困难或不可行,且该权益储量数量和价值小于公司总权益储量的10%时,可只披露该权益储量占公司总权益储量的估算比例,但同时必须在披露信息中说明相应情况。

公司可自行判断进行此类权宜处理方式,但如监管机构认为所作说明不足以证明披露困难或不可行,则须按照正规披露方式补充相应信息。

(5)向证券监管机构申报的披露信息中必须且仅披露证实储量的数量与价值。在其他形式的公众披露时(如股东大会),如有必要披露其他类别储量、资源量及相关信息,则必须在附加其定义及说明其采出不确定性的同时,详细阐述其风险,提示读者该储量、资源量估值相对证实储量具有更高的不确定性。

(6)必须按照石油(含凝析油)、天然气(液)披露指定类别储量;可选择披露煤层气、页岩气、油砂(沥青)及合成油气等非常规资源。当非常规资源的储量汇总数量或价值占总量10%或以上,或者汇总价值在叁仟万元以上时,须同时披露该非常规资源的储量。

(7)须披露各储量类别的汇总数,并按重要储量所处地域单独披露各类储量,且所有按地域披露的信息采用一致的划分方法。如企业在评估中认为某地域存在特定且影响显著的风险,可单独披露该区域。企业可以根据区域内各分(子)公司的储量占比情况进一步细分。在判别储量的重要性时,公司应综合考虑所有因素和环境,而不只是储量数量,例如特定的政治风险、环境敏感性、特殊的监管条件等。最低要求:按照占证实储量(数量或价值)15%及以上地域单独披露。

(8)当公司拥有多个资产或资产的权益时,须按产品类型、所选披露的储量类别、所划分的地域分组披露全部储量,《规范》允许的豁免情况除外。

(9)如企业在所披露油气资产的储量评估中使用类比油气藏,须在披露类比信息的基础上,同时披露类比信息的来源和日期,其来源是否独立、是否出自合格的储量评估/审计人员、与所披露信息的关联性。如欲提高其置信度,可按照正式披露的标准(即满足本规范中所规定的储量披露各项适用要求)披露类比油气藏的详细信息。

(10)披露信息中应包含储量评估与审计人员的资质以及机构的资质说明。

(11)披露信息中引用第三方储量评估/审计报告的全部或一部分时,须:事前征得第三方的书面同意,在聘任协议(如委托函)中已明确报告用于披露目的的情况除外;编写一份说明第三方储量评估/审计情况的报告。

在适用的情况下,此报告应包括报告目的和对象,完成和生效日期,涉及的储量占比,所用的假定、数据、方法、程序及其适用性,主要经济假定,监管及其他内外部影响,关于储量评估内在不确定性的讨论,关于已应用所有必要方法的声明,评估/审计结论及签名(盖章)。第三方储量评估/审计报告(原本)可作为申报信息的附件,可不向公众披露。

如评估/审计人员无法出具无保留意见的报告,公司须要求评估/审计人员在评估/审计报告中说明保留意见的原因和影响。公司不得删除或修改保留意见及相关内容。

(12)必要时,披露信息中应讨论重要影响或不确定性因素及其影响。

(13)《规范》中所涉及的信息,应集中在披露信息的"储量及辅助信息"标题下。

2. 评估方法与条件

(1)必须采用《指南》中介绍的方法与程序对储量的数量和价值进行评估,在评估中:

评估期必须与监管要求的财务年度一致;

储量数量必须以可销售/交付产品规格和数量为基础进行估算,其中天然气副产品(如天然气液)必须基于可销售天然气计量前(预计)提取的数量,而可销售天然气数量则为提取副产品后的数量;

公司须具有足够资金(自有资金或融资)开发所评估储量;

对于未开发储量,必须考虑废弃与回收成本;

采用贴现现金流法估算未来净现金流及净现值;

会计方法须采用完全成本法或成果法,同时注明所采用方法;对于采用合并报表披露的公司,总公司与所有分(子)公司须采用统一的会计方法,无论分(子)公司实际采用何种会计方法。

(2)根据不同的会计核算方法,在确定所披露的储量数量时:

如果公司采用合并财务报表进行披露,所披露储量数量须包括母公司和合并子公司的全部(100%)净储量。如果较大比例的储量来自某非控股的合并子公司,须披露该事实以及这部分储量的大致占比(占公司总储量);

如果公司财务报表中包括比例合并的投资,所披露储量数量须包括被投资者的净储量中按照公司投资比例所占份额的储量;

如果公司财务报表中包括以权益法核算的投资,所披露储量数量不应包括被投资者净储量的总量,但须分别披露合并实体的储量总量(即本条上述两种情况)及被投资者的储量中公司所占权益份额的储量。

(3)企业在储量评估时如因采用新技术确立储量估值的置信度水平,且该技术提高储量估值10%及以上,若在历史披露信息中未涉及该技术,应简要介绍该技术及其应用效果,可不包括技术细节。

(4)按组(产品类型、储量类别、地域、分子公司等)汇总储量数量时,如采用确定法评估,应采用简单算术加和;如采用概率法评估,油田及以下级别可采用概率汇总,而以上级别应采用简单算术加和。披露信息中还应包括警示声明,提醒读者:由于汇总(算术加和)的效果,单个资产的储量及其价值估值的置信度可能与汇总资产的估值不同。

(5)储量评估中,产品价格须采用报告生效日前12个月所参照基准市场每月第一个交易日实现价格(基准价格基础上进行必要调整后的价格)的简单算术平均值,不考虑未来条件下的价格浮动。

如已签订协议且协议中规定了产品价格,在协议期及合理预期的延长(更新、重新签订)协议期内采用协议价,其他期间按照上述要求价格执行。

(6)储量评估中,投资与成本须根据历史投资与成本确定,不考虑未来条件下的浮动。

(7)储量评估中,所得税率应采用法定税率,包括当期(年末)税率以及已经立法未来实施的税率。

(8)在计算净现值时,须采用10%的年贴现率。公司也可根据实际情况,披露以其他贴现率计算的净现值,例如5%、8%、12%、20%、25%。当披露基于其他贴现率计算的净现值时,应同时说明其披露原因。

3. 披露时机与方式

(1)定期:公司必须在年报中同时披露储量相关信息。

(2)不定期:当发生油气生产活动相关的重大变化(事件)时,公司必须按照《上市公司信息披露管理办法》及相关规定披露相关信息。公司应在综合考虑定性和定量因素的基础上,判定某变化是否重大。判定原则是该变化的信息及引发的储量信息变化是否会影响投资者的投资决策(买卖、持有公司证券)进而对公司股价可能产生重大影响。

重大变化可能包括:退出油气生产活动领域,公司(含关联机构)收购、兼并、出售,油气资产购入、废弃、出售,重大合同签订、合作、合资,油田停产或事故,重大油气发现,大额资本支出,安全、环境责任等。

(3)披露信息中必须注明生效日,所有信息必须以生效日为基准,例如评估基准日必须与报告生效日一致,如同时提供财务信息,则须与财务报表的基准日一致。披露信息的报告期必须一致,例如储量报告与财务报告的报告期必须一致。

4. 披露语言与量纲

(1)披露信息须采用简体中文。

(2)公司可同时提供英文版本,如英文版本与中文版本存在差异,以中文版本为准。

(3)披露信息中须使用公制单位。

如进行油气当量转换,应标明转换公式(率)。可同时提供使用英制或其他单位的版本,但必须注明相应的转换公式(率),例如吨桶比。如采用其他单位的数值与公制单位的数值存在差异,以公制单位为准。

(4)披露信息中须采用人民币(千元、百万元)作为货币单位。可同时提供使用美元(千美元、百万美元)的版本,美元-人民币汇率必须采用报告期内中国人民银行公布基准汇率的算术平均值,并在披露信息中注明具体汇率。如采用美元的数值与采用人民币的数值经转后存在差异,以人民币为准。

5. 免除/豁免条件与要求

(1)当公司的油气生产活动(含权益法投资部分)在整体业务活动占比较少(同时满足下述条件)时,公司可免除披露义务。此免除必须基于披露时的情况进行单独判断。

油气生产活动的收入小于公司总收入的10%;

油气生产活动的利润小于公司总利润的10%;

油气生产活动的亏损小于公司总亏损的10%;

油气生产活动的可识别资产小于公司总资产的 10%。

（2）当公司拥有部分权益,该权益净储量数量和价值小于公司总储量(含合并实体和权益法核算)的 10%,且存在公司不可控因素,使得披露困难或不可行时,公司可豁免该储量的部分或全部披露义务,具体参见后续条款。

（3）当公司油气资产所在国家的政府、监管或其他权威机构禁止披露储量、特定类别储量或特定油田的相关信息时,公司豁免该国家的相应储量信息披露义务,但须说明相应情况,指明国家名称,并声明所披露储量数量中不包括该豁免的储量信息。

（4）如果油气资产所在国家的权威机构禁止披露该资产的储量,但不禁止将储量包含在更高汇总级别的总数中(例如将该国储量包含在某个洲的一组国家的总储量中),公司则应在不触犯该国禁令的前提下,尽可能分解地域,在地域的总储量中包含该储量信息。

（5）如果油气资产所在国家的权威机构禁止披露基于长期供给、购买或类似协议或合同下的油气数量,则说明相应情况,指明国家名称,并声明所披露油气数量中不包括该数量信息。

（6）如公司因某种原因未履行部分或全部信息披露义务(包括被豁免的情况),需要在特别报告或披露信息中充分说明具体情况与原因,例如当地权威机构禁止披露、披露信息涉及商业机密、披露信息已经以其他方式或渠道披露、披露信息已经可以通过公共手段获得、无法获得准备披露信息所需的基础资料等。

（8）所有豁免均须事前向证券监管机构以公函的方式正式说明,得到证券监管机构正式同意后,才可豁免相应披露义务。证券监管机构对所申报的披露信息进行审查时,如认为豁免原因、理由已不成立,则可能要求公司追加事前豁免披露的信息。

四、年报披露要求

年报披露在满足总体要求的基础上,须满足以下要求。

1. 时间要求

披露信息必须作为年报披露的一部分同时披露,报告期及生效日必须与年报其他内容一致。

2. 储量数量信息

（1）须披露各种产品的总证实、证实已开发、证实未开发。可参考附表 1 储量汇总表。

（2）须按地域对上述储量进行分解并披露。可参考附表 2 储量(地域分解)表。

（3）须按照总体及各地域、产品类型、储量类别(证实、概算、可能储量)分析近两个财政年度净储量变化及其原因,包括扩边与新发现、提高采收率、技术修订、经济因素、油气资产购入/处置、产量(采出量)等。可参考附表 3 石油(天然气、……)储量数量变化分析表。如公司在上财政年度期末没有储量,可不进行变化分析,但须声明此情况。

（4）公司可在披露信息中对储量数量进行经济敏感性分析,对价格、成本的不同假定进行组合,提供不同组合情景下的各种估算指标,可参照附表 4 石油(天然气、……)证实储量经济敏感性分析表。披露经济敏感性分析表同时,须明确披露相应的价格、成本假定及时间表。

3. 储量价值信息

(1)须按汇总、地域披露近两个财政年度的公司权益内的贴现未来净现金流,即披露未来净现金流及各种计算要素,包括未来现金流入、未来生产成本、未来开发成本、未来所得税、未贴现未来净现金流、按标准贴现率的贴现、贴现未来净现金流,可参考附表5证实储量未来现金流量表。

公司权益包括以下两个方面的权益:证实储量;公司签订长期油气供应、购买或类似协议/合同,同时参与油气所处资产的运作或作为储量的生产者的前提下,受控于此类长期合同的油气量。

应同时按汇总、地域披露贴现未来净现金流的各种计算要素,包括:

未来现金流入——应与储量评估采用相同的产品价格。如在年底前签订的合同/协议中规定了未来产品价格,则应按照合同要求(价格及实施期间)在未来现金流入计算中使用合同价格。

未来开发与生产成本——应基于年底成本并假定现有经济条件延续的前提下,通过估算年底油气储量的开发、生产费用来计算。如果开发费用较高,应与生产成本分开披露。

未来净现金流(税前)。

未来所得税——所得税率采用法定税率。税基为证实油气储量相关的税前未来净现金流减去该资产的起征点。计算中应反映油气生产活动相关的各种减免税、退税、补贴。

未来净现金流(税后)——为未来现金流入减去未来开发与生产成本、未来所得税的差。

按标准贴现率的贴现额。

贴现未来净现金流。

(2)如公司采用合并方式进行披露,且合并口径的未来净现金流中经济权益中很大比例来自某非控股的合并子公司,须单独披露该事实和这部分经济权益的大致占比(占公司总经济权益)。

(3)如果公司财务报表中包括以权益法核算的投资,所披露未来净现金流不包括被投资者的总未来净现金流,须分别披露合并实体的数量及在被投资者未来净现金流中公司所占权益份额部分。

(4)须披露未来现金流预测中所使用的各地域各种产品的基准价格、价格调整和最终采用价格,可参照附表6石油(天然气、……)价格表。

(5)须披露近两个财政年度的贴现未来净现金流的总体变化情况,并按照以下变化原因进行拆分:销售/转让价格和未来生产成本变动,未来开发成本估值变动,当期所产油气的销售/转让,扩边、新发现和提高采收率,买卖原地矿产,数量估值修订,本期发生的以前的开发成本估算,贴现增加,所得税变化及其他,可参考附表7贴现未来净现金流变化表。注意:应先计算价格和成本引起的变化,再计算储量数量引起的变化。储量变化应以储量评估时采用价格及年末成本为基础。

除所得税变化以外,其他变化量均应为税前量。

(6)如果公司财务报表中包括以权益法核算的投资,所披露未来净现金流(标准化度量)

变化量不包括被投资者的总变化量,但须分别披露合并实体的变化量及公司在被投资者变化量中所占权益份额部分。

(7)公司可以披露经济评价指标(预测),例如投资回收期、利润、投资回报率、内部收益率、财务收益率等,但须同时披露其计算依据、方法和假定条件。

4. 油气活动历史与现状信息

(1)须按年披露近两个财政年度的油气活动历史与现状相关的财务信息,包括:

总体及各地域的各种产品的产量、价格、单位生产成本,其中单位生产成本不包括从价税和开采税。对于每个产量或储量占比30%或以上的重要油田须单独披露。注意:产量应为公司权益份额的量(储量资产总产量-应付矿业权产量-其他所有者权益份额量)。所有产量以最终销售/转让产品进行计量。

总体及各地域的资产获取成本、勘探成本、开发成本,可参考附表8历史成本表。包括:

勘探、开发成本包括勘探、开发活动中使用的支撑设备/设施的折旧,支撑设备主要包括井、井口设施、集输管线、处理设备等,但不包括租赁支撑设备/设施的支出;

如取得拥有证实储量的矿产权益时花费的成本较大,则应与其他类别储量的获取成本分开披露;

如公司财务报表中包括以权益法核算的投资,应分别披露合并实体的成本总数及公司在被投资者相应成本中所占的权益份额;

油气活动中总资本化成本(包括总资本化成本,物业成本、油气井及相关设备成本或其他开采方式所需设备成本,辅助设备和设施成本,未完成的油气井、设备和设施),累计折旧、折耗、摊销、减值亏损,净资本化成本,可参考附表9油气生产活动相关资本化成本表。

如公司财务报表中包括以权益法核算的投资,分别披露合并实体的总数及公司在被投资者净资本化成本中所占份额。

如同时披露概算、可能储量,且其资本化成本数额较大,则单独披露其资本化成本。

总体及各地域的油气生产活动的经营业绩,包括收入(产品销售/转让)、生产成本、勘探费用、折旧/折耗/摊销/减值亏损/备抵计价(如适用)、矿业权税(费)及其他税费(所得税除外)、税前利润、所得税、税后利润,可参考附表10油气经营业绩表。

收入应包括外部收入(向非附属实体的销售收入)和内部收入(向公司其他工厂(例如炼油厂或化工厂)的销售/转让收入),且外部收入和内部收入应分别披露。收入应包括可归属于公司净工作权益、矿业权权益、原油支付权益、净利润权益的外部收入。内部收入应基于在交付点确定的每生产单位的市场价格,而此市场价格应等价于正常交易中可实现的价格。生产或采掘税不应从毛收入中扣减,而应作为生产成本的一部分。矿税和净利润支出应从总收入中扣减。

所得税率采用法定税率。税基为收入减去生产成本、勘探费用、折旧/折耗/摊销/减值亏损/备抵计价(如适用)。计算中应反映油气生产活动相关的各种减免税、退税、补贴,具体反映在该时期合并所得税支出中。

油气生产活动的经营业绩为收入减去生产成本、勘探费用、折旧/折耗/摊销/减值亏损/

备抵计价(如适用)、所得税支出。计算经营业绩时,不应扣减公司一般费用和利息成本。对于作为油气生产活动所用资产的获取成本一部分进行资本化的利息成本,其处理采用与这些资产成本的其他部分相同方式。应根据费用的性质确定是否为操作费用,而非产生地点。只有根据性质判定为操作费用的部分,才应纳入到经营业绩计算中。

本条款要求的各种数量应该包括公司在以下两个方面的权益:证实储量;公司签订长期油气供应、购买或类似协议/合同,同时参与油气所处资产的运作或作为储量的生产者的前期下,受控于此类长期合同的油气量。

如公司财务报表中包括以权益法核算的投资,分别披露合并实体的总数和公司在被投资者利润中所占的权益份额。

(2)须按年披露近两个财政年度的具体勘探开发工作,包括按勘探井、开发井分别披露总体和各地域的完钻总井数、净井数、生产井数和干井数,其中净井数、生产井数和干井数为公司权益所占份额的井数,可参考附表11历史(勘探井或开发井)钻井表。

各地域的其他勘探、开发活动,包括以油气生产为目的而实施的开采措施,例如与通过井抽取不同的、油砂所采用的采掘方法。

(3)须披露当前的勘探开发工作,包括截止到报告年度年末的在钻井数、安装中的提高采收率设施和其他任何重要的相关活动,并附加必要的简要说明。注意:井数只包括在截止日前已开钻、到截止日未完钻的井(总井数、净井数),不包括计划的但到截止日尚未开钻的井,除非这些计划井对于所披露信息而言非常重要,可参考附表11历史(勘探井或开发井)钻井表。

(4)须按地域披露公司在报告年度年末或一个合理的当前日期所拥有油气资产、井、工厂、设施的相关信息,包括:按油气区分的总生产井数、净生产井数;已开发、未开发区域的总面积、净面积,包括租赁和特许权区域;同时披露区域的集中情况;如果比较重要,同时披露最小的剩余租期或特许期。

注意:总井数、总面积是指公司拥有权益的井和区域的总数,净井数、净面积则为总数按照公司权益份额劈分的数量,以整数和分数表示。所有权益所有者的净数量之和应等于总数。

未开发区域是指尚未通过钻完井达到经济生产能力的区域,不仅限于包含证实储量的区域。

(5)对于未开发储量:须单独披露所选类别的未开发储量数量。

对于本年度披露的未开发储量,须在披露信息中包括未来开发计划(包括时间表);对于近5年披露的未开发储量,须披露本年度针对未开发储量的投资、开展的开发工作及重大转化情况(转为已开发储量或核销);如在合理开发年限(一般为5年)内未对某个油田或国家的大部分未开发储量开展工作,仍然保持其未开发状态,须详细说明披露信息中保留该未开发储量的理由。

(6)对于近5年披露的概算、可能储量,须披露本年度所进行的投资、所开展的开发工作及转化情况(升级为证实储量、降级为可能储量或核销)。

5. 辅助信息

(1) 如果公司签订了某种协议，使得公司不能自主寻求未来油气价格或免受未来价格的影响，披露信息应概要说明协议内容、协议期、相关的储量数量范围及合理的估算价值。

(2) 如公司签订了交付合同或协议，要求公司在近期的未来提供固定数量的油气，则须按地域披露预计从主要来源可获得油气量相关的重要信息。

主要包括：总交付量；主要来源（自有储量、专供或合同供应商）；预计从各来源可获得的油气量；影响特殊客户交付量的条款，例如优先权设置或因产量减少影响某些客户的交付量；未来1～3年为保证交付所采取的工作步骤；监管机构对产量分配或价格的限制；其他影响履行交付责任、但公司无法控制的因素；假定公司无法履行短期或长期交付责任，此种情况对公司收入和融资需求可能造成的影响。

如公司在过去3年内曾经出现过无法满足重大交付责任时，须说明相关情况及其对公司的影响。

(3) 公司应在披露信息中指明并讨论影响储量数据的重要经济因素和重大不确定性因素，在财务报表中已经披露的因素除外。此类因素可能包括（预期）重大政策变化、（预期）异常高的开发成本或操作成本、投产所需大型管线或设施建设、根据协议要求以显著低于一般价格（在没有合同限制情况下可实现的价格）销售显著比例的产量等。

(4) 披露信息中须包括信息准备、审查或/和审计中主要技术负责人或监督人的资质，包括其姓名、教育背景、执业经历、注册资格及专业资质、与资质要求匹配情况等信息，详细参见《指南》。

(5) 披露信息中须包括公司管理层和董事会报告，说明对披露信息所承担的角色和责任，描述在独立评估/审计师聘任、信息准备、过程监督、结果审查和审批等相关工作中所履行的职责，最终声明已批准披露信息，并由两名或以上高级管理人员及两名或以上董事签字盖章。此部分内容可包含在年报的公司管理层和董事会总体声明中。

(6) 披露信息中须简要描述与披露信息的准备、审查/审计、审批相关的内控制度，内控制度包括公司政策、工作程序、执行标准、技术方法与操作细则等。公司可将核心的内控制度原文作为披露信息的附件。

五、重大变化披露要求

在发生重大变化时，公司必须按要求披露相关信息，披露的内容包括自上次公开披露以来所发生的重大变化的起因、目前的状态和可能产生的影响，不必如年报披露一样披露完整信息，但须遵循总体要求。

六、信息存档及管理

按现有相关规定执行。

七、相关表格文件

附表 1　储量汇总表

储量/产品	石油		天然气		其他
	原油 （t）	凝析油 （t）	天然气 （万 m^3）	天然气液 （t）	（可根据需要增加列）
总证实					
证实已开发					
证实未开发					
长期合同（合并实体）					
合同总量					
本年度接收量					

附表2　储量(地域分解)表

储量/产品	石油		天然气		其他
	原油 （t）	凝析油 （t）	天然气 （万 m³）	天然气液 （t）	（可根据需要增加列）
总证实					
证实已开发					
中国					
区域2					
……					
证实未开发					
中国					
区域2					
……					
总概算					
概算已开发					
中国					
区域2					
……					
概算未开发					
中国					
区域2					
……					
总证实＋概算					
总可能(可选)					
中国					
区域2					
……					
总证实＋概算＋可能(可选)					
长期合同(合并实体)					
合同总量					
中国					
区域2					

续附表 2

储量/产品	石油		天然气		其他
	原油（t）	凝析油（t）	天然气（万 m³）	天然气液（t）	（可根据需要增加列）
……					
本年度接收量					
中国					
区域 2					
……					

附表 3　石油（天然气、……）储量数量变化分析表

变化原因	产品证实储量	
	报告年－1	报告年
合并实体		
期初		
采出量		
扩边与新发现		
提高采收率		
收购		
处置		
技术修订		
经济因素		
期末		
权益法核算		
期初		
采出量		
扩边与新发现		
提高采收率		
收购		
处置		
技术修订		
经济因素		
期末		

附表4 石油(天然气、……)证实储量经济敏感性分析表

分析场景	价格假定 (%或具体值)	成本假定 (%或具体值)	经济年限 (年)	储量数量 (t或万m³)	累计未来 净收入 (万元)	累计未来 净收入 净现值 (万元)	其他经济 指标
场景1	上浮x%	上浮a%					
场景2	下浮y%	下浮b%					
…							
场景n							

附表5 证实储量未来现金流量表 单位:万元

	报告年				报告年-1			
	总计	中国	区域2	……	总计	中国	区域2	……
合并实体								
未来现金流								
未来生产成本								
开发成本								
未贴现未来净现金流								
现金流的估算时间贴现(10%)								
贴现未来净现金流								
权益法核算								
未来现金流								
未来生产成本								
开发成本								
未贴现未来净现金流								
现金流的估算时间贴现(10%)								
贴现未来净现金流								
总贴现未来净现金流								

附表 6　石油(天然气、……)价格表　　　　单位:万元/t,万元/万 m³

地域	价格基准指数	基准价格	价格调整	实现价格
中国	WTI(西得克萨斯轻质原油)			
区域 2	Brent(北海布伦特)			
……				
区域 n				

附表 7　贴现未来净现金流变化表　　　　单位:万元

	报告年			报告年－1		
	合并实体	权益法核算	总计	合并实体	权益法核算	总计
价格和生产成本变动						
未来开发成本估值变动						
当期所产油气的销售/转让(扣除生产成本)						
扩边、新发现和提高采收率(扣除相关成本)						
买卖原地矿产						
数量估值修订						
本期发生的以前的开发成本估算						
贴现增加						
所得税变化						
其他						
年度变化净值						

附表 8　历史成本表

	报告年				报告年－1			
	总计	中国	区域 2	……	总计	中国	区域 2	……
合并实体								
资产获取								
证实								
概算								
可能								
勘探成本								
开发成本								
权益法核算								
资产获取								
证实								
概算								
可能								
勘探成本								
开发成本								

附表 9　油气生产活动相关资本化成本表

	报告年				报告年－1			
	总计	中国	区域 2	……	总计	中国	区域 2	……
物业成本、油气井及相关设备成本或其他开采方式所需设备								
辅助设备和设施成本								
未完成的油气井、设备和设施								
总资本化成本								
累计折旧、折耗、摊销、减值亏损								
净资本化成本								
按权益法核算投资，被投资者净资本化成本的所占份额								
公司资本化成本总额								

附表 10　油气经营业绩表

	报告年				报告年－1			
	总计	中国	区域 2	……	总计	中国	区域 2	……
合并实体								
收入								
销售								
转让								
小计								
生产成本								
勘探支出								
折旧/折耗/摊销/减值亏损								
所得税以外税费								
税前利润								
所得税								
税后利润								
权益法核算								
收入								
销售								
转让								
小计								
生产成本								
勘探支出								
折旧/折耗/摊销/减值亏损								
所得税以外税费								
税前利润								
所得税								
税后利润								
公司利润总额								

附表11 历史(勘探井或开发井)钻井表

年度与区域	总井数		净井数		生产井数		干井数		备注
	勘探井	开发井	勘探井	开发井	勘探井	开发井	勘探井	开发井	
报告年－1									
中国									
区域2									
……									
报告年									
中国									
区域2									
……									

主要参考资料

Chapman Cronquist,刘合年,杨蕾,等,2004.国外油气储量评估分级理论与应用指南.北京:石油工业出版社.

CSA,National Instrument 51-101,Standards of Disclosure for Oil and Gas Activities.

SEC,Accounting Rules Regulation S-X and S-K.

SPE,2007. Standards Pertaining to the Estimating and Auditing of Oil and Gas Reserves Information.

SPEE,2011. Guidelines for Application of the Petroleum Resources Management System (November 2011).

SPEE 卡尔加里分会,Canadian Oil and Gas Evaluation Handbook.

UNECE,2019. United Nations Framework Classification for fossil energy and mineral reserves and resources.

联合国欧洲经济委员会,2013.联合国 2009 年化石能源和矿产储量与资源框架分类及应用规定.纽约和日内瓦:联合国出版物.

香港联合交易所有限公司,香港联合交易所有限公司证券上市规则.